"十三五"江苏省高等学校重点教材

高职高专"十三五"规划教材

AutoCAD

绘制建筑施工图

徐桂明　主编　　徐茂武　副主编

化学工业出版社

北京·

本教材贯穿项目化教学理念，内容编排以项目训练为主线，在任务训练过程中，贯穿 AutoCAD 指令的学习，最终实现"运用 AutoCAD 快速精确绘制建筑施工图"的目标。本教材设置了三类项目：导引项目为 AutoCAD 入门项目；主体项目为 A、B 两个平行项目，课内课外分别绘制 A、B 户型的住宅楼建筑施工图；拓展项目为学生完全自主绘制专业方向施工图，如装饰专业绘制室内设计施工图等。针对导引项目和主体项目 A，拍摄了"AutoCAD 绘制建筑施工图"教学视频的系列微课，读者可通过扫描书中二维码观看，进行课前或课后的自主学习。

　　本书适用于高职高专、中职建筑类专业及相关专业使用，同时也非常适合 AutoCAD 初学者和广大工程技术人员参考选用。

图书在版编目（CIP）数据

　AutoCAD绘制建筑施工图/徐桂明主编．—北京：
化学工业出版社，2017.6（2024.8重印）
高职高专"十三五"规划教材
ISBN 978-7-122-29637-5

　Ⅰ.①A…　Ⅱ.①徐…　Ⅲ.①建筑制图-计算机辅助设
计-AutoCAD软件-高等职业教育-教材　Ⅳ.①TU204-39

　中国版本图书馆CIP数据核字（2017）第079012号

责任编辑：李仙华　　　　　　　　　　　　　文字编辑：余纪军
责任校对：边　涛　　　　　　　　　　　　　装帧设计：张　辉

出版发行：化学工业出版社（北京市东城区青年湖南街13号　邮政编码100011）
印　　装：北京盛通印刷股份有限公司
787mm×1092mm　1/16　印张9¾　字数242千字　2024年8月北京第1版第4次印刷

购书咨询：010-64518888　　　　　　　售后服务：010-64518899
网　　址：http://www.cip.com.cn
凡购买本书，如有缺损质量问题，本社销售中心负责调换。

定　　价：49.00元

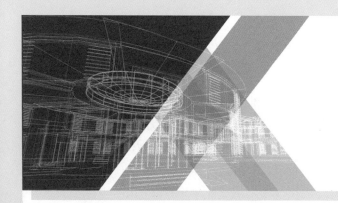

前言

计算机辅助设计（computer aided design，CAD）技术的发展日新月异，已经渗透到社会的多种行业，在建筑工程领域更是得到广泛的应用。CAD 绘图快速、精确、规范，应用 CAD 绘图是建筑工程领域的设计人员、施工管理人员必备的职业技能。

与传统建筑 CAD 教材相比，本书有以下两个显著特点。

1. 贯彻项目化教学理念，突出能力培养目标

本书突破传统学科体系的章节结构，一级目录为"项目"，二级目录为"任务"，构建以完成任务为驱动，以能力培养为主线的知识组织体系结构，即在任务的实施过程中，贯穿 CAD 绘图指令的学习，最终形成计算机绘制建筑施工图的专业技能。教材名称由传统的《建筑 CAD》改为《AutoCAD 绘制建筑施工图》，指明课程手段、对象及总体教学目标。

项目设置遵循"由易到难，先简后繁"的原则。课程初期为难度较小的导引项目，教师讲课和示范的课时比重较大，属于"手把手"的训练，学生"学中做，做中学"，手脑并用；随着课程的推进，主体项目的子任务所绘图形越来越复杂，但是教师讲课和示范的课时比重反而逐步减少；最终过渡到"放开手"的完全自主训练的拓展项目，学生可以根据自己的专业方向选择绘制相应专业方向的施工图，如装饰专业的学生绘制"室内设计施工图"，书中仅给予专业施工图绘制技巧提示，学生完全独立自主绘制。

本书主体项目分 A、B 项目，两个项目均源自实际工程，图形结构相似，难度系数相同，为典型结构的住宅楼建筑施工图，包括平面图、立面图、详图等。项目 A 为课内师生共同实施，系统学习 CAD 绘图及其编辑指令的对话过程和指令应用技巧等。项目 B 为学生课外独立完成，进度与项目 A 平行推进。

2. 提供系列微课视频支持，能够实现完全自主性学习

微课是 10 ~ 20 分钟不等的一种教学视频，教学实践表明，微课尤其符合现代学生的认知规律，有利于学生自主性学习。项目化教学根本目的之一就是培养学生的自主学

习能力，微课为项目化教学提供了坚实有效的支撑。

本教材针对导引项目和主体项目 A 的子任务，拍摄了"AutoCAD 绘制建筑施工图"系列微课，该系列微课从启动软件和认识软件界面开始，详细讲述和示范运用 CAD 绘制建筑施工图的指令对话，最后的任务环节是 CAD 出图打印设置等。系列微课与教材项目任务展开——对应，学生扫描书中的二维码，可随时随地观看微课视频，课前预习或课后复习。该系列微课非常有利于"翻转课堂"的真正实施。与本教材同名称的在线开放课程（MOOC）也在中国爱课程网站发布，教师和学生亦可加入在线开放课程的学习。

本书适用于高职高专和中职建筑类专业及相关专业使用，亦可供 CAD 绘图技能培训使用，或建筑工程技术人员自学使用。建议教学课时为 40 ～ 60 学时，可视具体情况进行学时增减。

本书由常州工程职业技术学院徐桂明主编，常州工程职业技术学院徐茂武副主编，常州工程职业技术学院季荣华参编。

本书编写过程得到多位领导、同仁以及化学工业出版社等多方面的支持，在此表示衷心感谢！同时向参考文献作者表示诚挚的谢意！鉴于我们水平有限，书中难免存在不足之处，期待读者反馈宝贵的意见，邮箱 1084102789@qq.com。

编　者
2017 年 2 月

目录

3　拓展项目　绘制专业方向施工图

附录　AutoCAD常用快捷键

参考文献

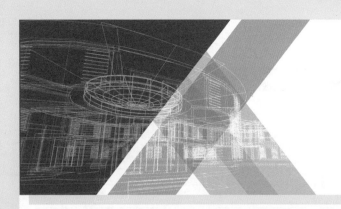

微课目录

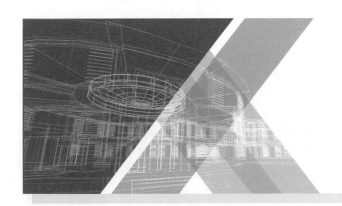

0

课程绪论

CAD 是计算机辅助设计的英文 computer aided design 缩写，泛指所有计算机辅助设计软件，如 AutoCAD、Photoshop、3dsmax 等应用软件，本课程特指 AutoCAD。Autodesk 公司自 1982 年推出 AutoCAD 以来，版本不断升级，目前为止已升至 2018 版本。本教材以目前实际工程应用居多、功能相对全面、绘图界面比较经典的 AutoCAD2012 版本为编写基础。在学习新课程之前，必须理清以下三个基本问题，同时在电脑中正确安装 AutoCAD2012。

0.1 学习 CAD 绘图的三个基本问题

0.1.1 为什么要学习 CAD 课程（why）？

本课程是建筑设计类专业或建筑相关专业的专业基础课。通过本课程的学习，能够提升学生阅读和绘制建筑施工图的能力，为后续专业课程奠定基础。本课程与前导《建筑制图》课程的绘图对象和投影原理相同，只是绘图手段不同。由"铅笔＋尺规"改成"鼠标＋键盘"绘图，其优越性就是"信息化"，便于"信息"保存，传统手工图纸需要较大的物理空间，保存查阅很不方便，计算机图形除了磁盘之外，几乎不占用物理空间；便于"信息"借用，比如绘制完成"标准层平面图"，执行复制指令，再进行简单修改就可以快速绘制出"底层平面图"；便于"信息"传递，比如跨区域的设计沟通和营销推广等，可以快速传递图形。CAD 绘图相比手工绘图的优越性具体表现就是绘图的"快速性、精确性、规范性"。AutoCAD 广泛应用于建筑、机械、电子、服装设计等领域，几乎所有工科类学生，都必修《CAD》课程，究其原因就是社会需求。CAD 绘图是一个"看得见，用得着"的实实在在的就业好技能！

0.1.2 怎样学习 CAD 课程（how）？

CAD 课程不涉及深奥的理论学习和复杂的逻辑推导，CAD 课程是显而易见的感性的技能类课程。如何学习 CAD 课程？首先是模仿训练，在模仿中形成语感，课程第一阶段的学习方法就是模仿老师的操作，学习 CAD 只有亲自动手把图画出来才有效果；其次是反复训练，熟能生巧，这是学好 CAD 的不二法门。CAD 课程类似于学习汽车驾驶，老师是教练的角色，编者经常告知学生：CAD 不是老师教会的，而是学生自己练会的！

0.1.3　CAD 课程学习什么（what）?

　　CAD 课程就是学习"如何选择和运用 CAD 指令绘制建筑施工图"，具体的学习内容则在各个教学单元里逐步展开。本课程实施项目化教学，主要有三类训练项目。（1）导引项目：绘制某大学城总平面分布示意图，目标图形如图 1-1 所示。本项目为课内训练，力求用最简单的指令绘制简单的图形，为入门训练。（2）主体项目：绘制某 A、B 户型住宅楼建筑施工图。其中 A 户型为课内师生共同训练项目，B 户型为课外学生独立自主训练项目。A 项目目标图形如图 2-1 ～图 2-4 所示，A 项目训练过程，涵盖 CAD 常用绘图指令和编辑指令，以及 CAD 的尺寸标注和文字标注。B 项目目标图形如图 2-6 ～图 2-9 所示，图形结构和难度系数与 A 项目相似，B 项目作为项目 A 的补充，两者进度一致，学生课外独立自主完成。（3）拓展项目：学生根据自己的专业方向绘制施工图，如装饰专业绘制室内设计施工图，市政工程专业绘制道路施工图等，针对各专业方向施工图特点，给出了相应的绘图方法提示。

0.2　AutoCAD2012 安装指南

　　读者可以购买正版软件或网上搜索 AutoCAD 软件试用版等使用。可以到如软件自学网（www.rjzxw.com）自主学习软件。以 AutoCAD2012 中文版安装为例，应该在 64 位 Windows7 以上版本的操作系统下安装，主要操作步骤如下：

　　① 解压安装程序包。

　　② 点击 Setup 安装。

　　③ 安装完成后，第一次启动 CAD2012 程序，出现对话框提醒激活程序，点立即激活。

　　④ 接下来的对话框里，出现申请码，先复制下来，然后打开注册机（注册机只有在运行 CAD 程序的时候才能打开）。在"注册机"文件夹里有"使用说明"记事本文件，任意挑一个序列码，如 69696969、00000000，完成序列号的填写。

　　⑤ 将复制的申请码，粘贴在注册机第一行，点击【Calculate】按钮，生成激活码，复制下来，回到程序激活窗口，单击【输入激活码】，粘贴激活码，再单击【下一步】，完成注册。

0.3　项目计划与微课索引

　　表 0-1 为项目计划，推荐教学单元划分方案；表 0-2 为微课索引，学生可以根据训练任务或所学 CAD 指令等，选择相应微课，或课前观看，带着问题进课堂，或课后观看，以巩固课堂学习效果。绪论课时应该示范学生如何打开微课视频，告知教学单元对应的具体授课日期，便于学生进行学习进度的自我管理和控制等。

表 0-1　项目计划

单元序号	教学单元项目任务	教学单元所学 CAD 指令（快捷键）	单元微课	授课日期
1～2	课程绪论 导引项目：绘制某大学城总平面示意图	另存为 Saveas、直线 L、视图 Z、删除 E、相对坐标符号 @、极坐标 D<A，对象捕捉 F3、正交 F8、动态输入 DYN、矩形 Rec	微课 1、微课 2、微课 3、微课 4、微课 5、微课 6、微课 7	
3	A 项目：绘制户型图定位轴网	图层 LA、线型比例 LTS、偏移 O、移动 M、修剪 TR	微课 8、微课 9、微课 10、微课 11、微课 12	
4	A 项目：绘制户型图墙体	多线 ML、多线编辑（双击），多线样式 mlstyle、分解 X	微课 13、微课 14、微课 15	
5	A 项目：绘制户型图门窗	对象追踪 F11、圆弧 A、圆 C、内部块 B、外部块 W、块插入 I	微课 16、微课 17、微课 18	
6	A 项目：绘制户型图阳台	延伸 EX、倒角 CHA、倒圆 F、拉伸 S	微课 19、微课 20、微课 21	
7	A 项目：户型图墙体轮廓线加粗	多段线 PL、多段线编辑 PE、线宽 LW	微课 22、微课 23	
8	A 项目：户型图文字标注	文字样式 ST、单行文字 DT，多行文字 MT、文字编辑 ED、复制 CO、多边形 POL、旋转 RO、表格 table	微课 24、微课 25、微课 26、微课 27、微课 28	
9～10	A 项目：户型图尺寸标注	标注样式 D、线性标注 DLI、连续标注 DCO、对齐标注 DAL、直径标注 DDI、半径标注 DRA、角度标注 DAN、编辑标注 DED、特性 MO、特性匹配 MA、夹点编辑	微课 29、微课 30、微课 31、微课 32、微课 33、微课 34、微课 35	
11	A 项目：绘制单元平面图及楼梯踏步	镜像 MI、文字镜像参数 Mirrtext、打断 BR、阵列 AR	微课 36、微课 37、微课 38、微课 39	
12	A 项目：绘制标准层与底层平面图	已学指令综合运用	微课 40、微课 41、微课 42	
13	A 项目：绘制楼梯平面详图	图案填充 H、比例 SC	微课 43、微课 44、微课 45、微课 46	
14	A 项目：绘制正立面图	已学指令综合运用	微课 47、微课 48、微课 49、微课 50、微课 51	
15	A 项目：CAD 出图打印设置	打印设置 Plot、视口 Vports、复制到粘贴板 Copyclip	微课 52、微课 53、微课 54	

表 0-2　微课索引

序号	微课训练任务	微课新学 CAD 指令（快捷键）
微课 1	启动 AutoCAD、认识界面，调用工具栏、设置单位精度	无
微课 2	导引项目图形分析，文件命名保存，设定自动保存时间	另存为 Saveas
微课 3	绘制 3km 长的直线，视图调整	直线 Line（l）、相对坐标 @、视图调整 Zoom（Z）
微课 4	绘制 3km×1.5km 的矩形	正交（F8）、极坐标 D<A、动态输入（DYN）
微课 5	绘制六个 0.9km×0.5km 的矩形	删除 Erase（E）、对象捕捉（F3）
微课 6	绘制牛腿柱	导引项目已学指令的复习
微课 7	绘制 A3 图框	矩形 Rectang（Rec）
微课 8	项目 A 目标图形的特点分析	无
微课 9	绘制户型图Ⓐ和①2 根定位轴线	图层 Layer（LA）、线型比例（LTS）
微课 10	完成户型图定位轴线网	偏移 Offset（O）、移动 Move（M）
微课 11	修剪整理户型图定位轴线网	修剪 Trim（TR）
微课 12	运用偏移和修剪指令绘制导引项目	无
微课 13	绘制户型图墙体	多线 Mline（ML）
微课 14	多线墙体编辑	多线编辑 MLedit、分解 Explode（X）
微课 15	创建新的多线样式	多线样式 mlstyle
微课 16	在户型图墙体上开设门窗洞口	自动追踪（F11）
微课 17	绘制户型图窗户图形	外部块 Wblock（W）、块插入 Insert（I）
微课 18	绘制户型图的圆弧门图形	圆 Circle（C）、圆弧 Arc（A），内部块 Block（B）
微课 19	绘制户型图的阳台图形	延伸 Extend（EX）
微课 20	两条未相交直线的连接 1	倒角 Chamfer（CHA）、倒圆 Fillet（F）
微课 21	两条未相交直线的连接 2	拉伸 Stretch（S）
微课 22	户型图墙体轮廓线的加粗 1	图层控制选项（LA）、多段线 Pline（PL）
微课 23	户型图墙体轮廓线的加粗 2	多段线编辑 Pedit（PE）
微课 24	户型图的房间名称标注	文字样式 Style（ST）、单行文字 Dtext（DT）
微课 25	户型图的门窗代号和图名标注	复制 Copy（CO）、文字编辑 ddedit（ED）、多行文字 Mtext（MT）
微课 26	绘制定位轴线编号和标高符号	正多边形 Polygon（POL）、旋转 Rotate（RO）
微课 27	门窗表的输入	表格 table（无）
微课 28	文字标注涉及 CAD 指令的补充练习	正多边形的选项 I 和选项 C 的比较；旋转指令的选项 R 的应用
微课 29	户型图的尺寸标注样式设置	标注样式 dimstyle（D）
微课 30	户型图的尺寸标注	线性标注 dimlinear（DLI）、连续标注 dimcontinue（DCO）
微课 31	户型图的尺寸界线起点编辑	夹点编辑
微课 32	其他类型的尺寸标注	基线标注（DBA）、对齐标注（DAL）、直径标注（DDI）、半径标注（DRA）、角度标注（DAN）
微课 33	尺寸标注的数字编辑等	线性标注中文字选项（T）、编辑标注（DED）、特性 properties（MO）
微课 34	户型图的定位轴线编号标注	特性匹配 matchprop（MA）

序号	微课训练任务	微课新学 CAD 指令（快捷键）
微课 35	尺寸标注补充训练－导引项目（大学城总平面图）尺寸标注	尺寸标注样式设置"全局比例"等
微课 36	由户型图绘制单元平面图	镜像 Mirror（MI）、文字镜像参数 Mirrtext
微课 37	绘制梯井扶手和第一根楼梯踏步线	打断 Break（BR）
微课 38	绘制单元平面图楼梯全部踏步线	阵列 Array（AR）
微课 39	绘制楼梯踏步指引线和楼梯间窗户等	已学指令综合运用
微课 40	由单元平面图绘制标准层平面图	已学指令综合运用
微课 41	绘制底层平面图（1）－绘制散水及标高编辑	已学指令综合运用
微课 42	绘制底层平面图（2）－绘制坡道及楼梯踏步修改	已学指令综合运用
微课 43	由标准层平面图截取标准层楼梯平面详图	已学指令综合运用
微课 44	标准层楼梯平面详图的细节完善	图案填充 Hatch（H）
微课 45	由标准层楼梯平面详图绘制其余各层楼梯平面详图	已学指令综合运用
微课 46	详图的放大绘制及其尺寸标注	比例缩放 Scale（SC）
微课 47	绘制一个户型立面图门窗外框线	已学指令综合运用
微课 48	绘制一个户型立面图门窗内部分格线	已学指令综合运用
微课 49	绘制一个户型立面图阳台，并阵列生成正立面图框架	已学指令综合运用
微课 50	完善立面图的细节，进行图案填充、图名及标高标注	已学指令综合运用
微课 51	在正立面图基础上，绘制背、侧立面图	已学指令综合运用
微课 52	合并项目 A 的目标图形，并给目标图形套图框	复制粘贴 Copyclip（Ctrl+C\Ctrl+V）
微课 53	在模型空间进行虚拟打印出图	打印 Plot 或 Print（Ctrl ＋ P）
微课 54	在布局空间进行虚拟打印出图	视口 Vports

导引项目 绘制某大学城 总平面示意图

1.1 项目布置

如图 1-1 所示，某大学城总平面示意图，六所院校及其外围共七个矩形图形，同时包含尺寸标注、文字标注、指北针符号等。导引项目仅需完成七个矩形图形，有关标注内容将在后续主体项目实施过程中补充完整。导引项目用简单的指令绘制简单的图形，教学目的是 CAD 入门（后面 AutoCAD 简写为 CAD）。绘图前必须读懂图形结构和尺寸数字，该大学城的总开间（东西方向长度）3000m，总进深（南北方向宽度）1500m，各学院开间 900m，进深 500m，同时还要关注每个学院之间的定位尺寸。建筑工程图纸尺寸和 CAD 绘图默认单位均为 mm。

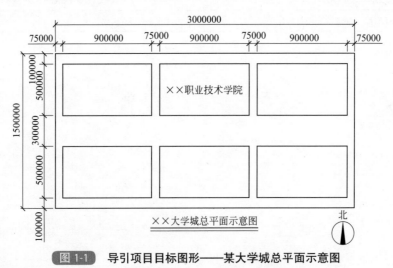

图 1-1 导引项目目标图形——某大学城总平面示意图

1.2 任务 1 CAD 界面认识与文件保存

训练内容和教学目标

了解 CAD 启动途径；认识 AutoCAD2012 窗口界面的组成；设定 CAD 图形单位精度；掌握文件命名保存指令。

1.2.1 启动 CAD2012 程序

启动 CAD 程序的三个途径：

首次使用 CAD，可以双击桌面程序快捷图标；或单击【开始】菜单下【所有程序】中 Autodesk 下的 CAD2012。

已经使用 CAD 绘制形成了图形文件，双击文件夹中相应的"*dwg"格式文件，打开图形文件便同时启动 CAD 的应用程序。

1.2.2 认识 CAD2012 经典工作界面

自 1982 年 Autodesk（欧特克）推出 CAD 以来，版本不断升级，目前已经升级到 CAD2018 版本，可将诸多版本粗略分为低版本和高版本，CAD2008 版之前为低版本，之后为高版本。高版本主要增加一些网络交互设计功能，另外启动界面有明显的改变，但是常用绘图指令的人机对话过程并没有明显的改变。

本书选择目前实际应用较多的 CAD2012 版作为编写基础。初次启动 CAD2012 中文版之后的界面如图 1-2 所示，建议将高版本默认界面切换到与低版本相似的经典界面：首先单击【工作空间】切换按钮，下拉菜单中单击选择【AutoCAD 经典界面】，便将高版本默认的"草图与注释"界面切换到低版本默认的经典界面；其次单击【自定义快速访问栏】下拉按钮，下拉菜单中单击【显示菜单栏】，默认隐藏的菜单栏便显示出来；最后单击状态栏上开关型按钮中的【栅格显示】，将绘图窗口的栅格关闭。最终显示的 CAD2012 经典工作界面如图 1-3 所示。

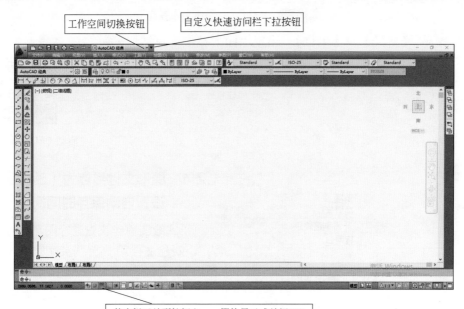

图 1-2 CAD2012 初次启动的默认界面

1.2.3 设置 CAD 图形单位的精度

本书主要学习 CAD 绘制二维建筑施工图，默认在 *XY* 平面上绘图，光标移动时，状态栏中显示十字光标所在点位的绝对坐标系下的 *X* 和 *Y* 坐标数值变化。

特别提醒 实际工作过程中，CAD 图形窗口的背景颜色通常选择为黑色，CAD 分层绘图，后续图形对象五颜六色，黑色背景有利于减弱眼睛疲劳感。为了保证 word 文稿中图片显示清晰度的需要，本书所有图片涉及 CAD 图形窗口的实际背景均由黑色调整为白色。下拉菜单:【工具】→【选项】,出现"选项"对话框,在"显示"页面中单击【颜色】按钮,出现图形窗口"颜色"对话框,"颜色"下拉中选择"白色",实际绘图过程则是选择"黑色",单击【应用并关闭】按钮,可完成图形窗口的背景颜色的调整。

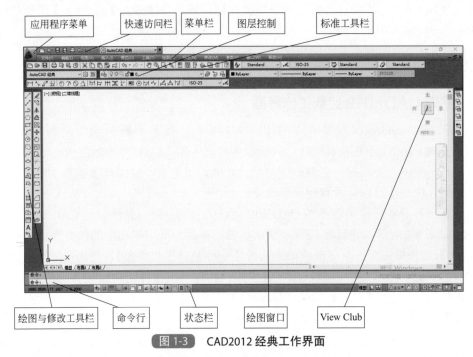

应用程序菜单　快速访问栏　菜单栏　图层控制　标准工具栏

绘图与修改工具栏　命令行　状态栏　绘图窗口　View Club

图 1-3　CAD2012 经典工作界面

下拉菜单:【格式】→【单位】,出现"图形单位"对话框,如图 1-4 所示,将其中长度精度调整为小数点"0"位(建筑施工图尺寸较大,单位精度很少精确到小数点以下)。另外 CAD 默认角度正方向为逆时针旋转。

微课 1

启动 CAD 及认识界面

图 1-4　"图形单位"对话框

1.2.4 图形文件另存为(Saveas),设置自动保存时间间隔

正式绘图前建议先进行图形文件"另存为"。新建文件第一次"保存"等同于"另存为",已经命名的文件不需重新命名可直接"保存",需重新命名的文件则要"另存为"。绘图前先"另存为"有两个用处:其一,软件出现意外关闭,可用文件名搜索文件;其二,借助已命名的图形绘制新图,能够避免原图被意外"保存"覆盖掉。

下拉菜单:【文件】→【保存】或【另存为】,或命令行输入"Saveas",出现"图形另存为"对话框,如图 1-5 所示。文件保存三要素:保存位置、文件命名、文件类型。(建议学生保存位置为自带移动硬盘中指定的文件夹)。CAD2012 版图形文件如果需要在低版本上打开,则须事先保存为低版本,文件类型有 2004 版、2007 版等。CAD 文件名后缀默认为

"*dwg"，如果需把文件保存为样本文件，则文件类型选择"*dwt"。

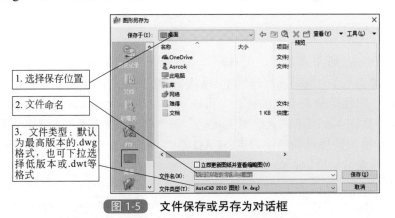

1. 选择保存位置

2. 文件命名

3. 文件类型：默认为最高版本的.dwg格式，也可下拉选择低版本或.dwt等格式

图 1-5　文件保存或另存为对话框

为了防止绘图过程中程序出现意外，可设定自动保存时间间隔。下拉菜单：【工具】→【选项】，出现"选项"对话框，如图 1-6 所示，在"打开和保存"页面中，设定自动保存时间，建议"保存间隔分钟数"为 15 分钟。建议不要勾选"每次保存时均创建备份副本"，避免产生多个后缀为"*bak"的副本文件。

微课 2

文件命名保存与自动保存时间设定

图 1-6　文件"自动保存"时间间隔设置

1.3　任务 2　绘制 3km 长直线与视图调整

训练内容和教学目标

绘制一条 3km 长的直线，了解 CAD 指令下达途径与鼠标、键盘操作方式；掌握直线 Line（L）、视图调整 Zoom（Z）等指令的对话；掌握点的相对坐标 @X，Y 和 @D<A 两种

表达方式；理解 CAD 始终按照图纸尺寸 1 ∶ 1 绘图的特点等。

有关 CAD 指令后面括号内字母为该 CAD 指令的快捷键，以下等同。

1.3.1　了解 CAD 指令下达途径

CAD 的绘图和编辑指令，通常有菜单、工具栏、命令行三种下达途径。如直线指令，可下拉菜单：【绘图】→【直线】，也可选择绘图工具栏中 ◢ 图标，同时也可以在命令行中输入快捷键"L"。CAD 一些使用频率不高的指令，可以到下拉菜单中寻找，使用频率较高的指令均有工具栏图标，如图 1-3 所示的"绘图工具栏"和"修改工具栏"。建议初学者一开始就要养成优先命令行输入快捷键的绘图习惯，CAD 绝大多数指令不需要输入英文指令全称，有关 CAD 常用指令及其快捷键，参考本书附录中的相关内容。

自 CAD2006 版本开始，CAD 增加了"动态输入（F12）"辅助功能，该功能便于同时关注指令下达和图形变化。即命令行的对话内容，同时紧随显示在光标的附近，如图 1-7 所示，避免绘图者的目光在命令行和图形之间来回移动，影响绘图效率。如果不需要该功能，可以单击状态栏上"动态输入（F12）"开关型按钮，关闭它。

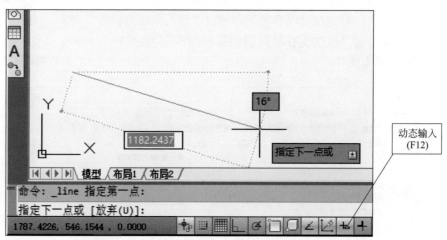

图 1-7　"动态输入"便于同时关注指令下达和图形变化

除了上述三种途径，CAD 还可以在绘图窗口的右键菜单中选择指令，" Enter 键重复执行刚刚退出指令"等指令下达途径。

1.3.2　了解鼠标与键盘的操作方式

CAD 鼠标有下列三种操作方式：

单击左键：选择工具栏中的指令；绘图过程中确定点的位置；选择编辑的对象。

单击右键：指令对话过程中，等同于 Enter；指向状态栏中辅助按钮，设置对话框；绘图区域中出现右键菜单。

按住左键拖动：工具栏移动位置；动态平移、缩放当前视图等。鼠标其余操作与其他应用软件基本相似。

命令行输入数字和文字等内容，必须用到键盘中数字和字母键。键盘三个特殊键，在CAD 绘图中代表的功能分别如下：

Enter 回车键，为确认功能键，输入指令后、选择指令相关选项后、编辑指令选择对象后等，回车才能继续执行指令。在指令等待状态下，回车重复执行最近结束指令等。

ESC 为放弃功能键，绘图过程中同时关注绘图区域和命令行提示，出现错误操作，命令行会提示按 ESC；没有下达指令，选择对象出现蓝色夹点（参考 2.8 任务中的夹点编辑），按【ESC】退出夹点状态。

空格键大多数情况等于 ‖Enter‖ 键确认操作。

1.3.3 直线 Line 指令绘制 3km 长的水平直线

首先绘制大学城总平面示意图中的最长的一条直线，即外框水平直线，其长度为 3000000mm。单击绘图工具栏中 ✐ 按钮，或命令行输入快捷键 "L"，人机对话如下：

命令：L

LINE 指定第一点：在绘图窗口中任意位置，鼠标左键单击确定一点。

指定下一点或［放弃（U）］：@3000000，0。（在第一点确定的基础上，键盘输入第二点相对第一点的直角坐标，回车）

指定下一点或［闭合（C）/放弃（U）］：（再次直接回车，结束直线指令的对话过程，如图 1-8 所示，目前只能够看到 3km 长直线的起始一小段图形）

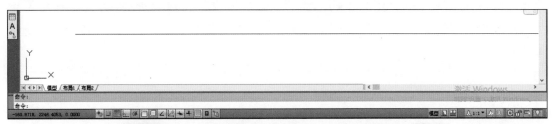

图 1-8　3km 长直线在初始绘图窗口中只显示起始的一小段

上述对话中需要注意以下几个事项。

（1）"@"为用户相对坐标符号。第一点可以在绝对坐标系下自由选择，但是第二点就必须符合图纸尺寸。在输入第二点或后续点位坐标数据之前加上"@"，表示进入用户相对坐标系，即不管前一点的绝对坐标数据是多少，始终归零，下一点相对前一点计算坐标数据，这样方便直接对照图纸尺寸确定坐标数据。如果没有"@"，输入"3000000，0"表示第二点绝对坐标系的坐标数值，绘图结果则是天壤之别。

（2）在输入坐标数据之后，如命令行提示"需要点或选项关键字"，通常表示 X 与 Y 之间的逗号格式不正确，该逗号必须是英文逗号，此时需要切换输入法为英文半角状态。

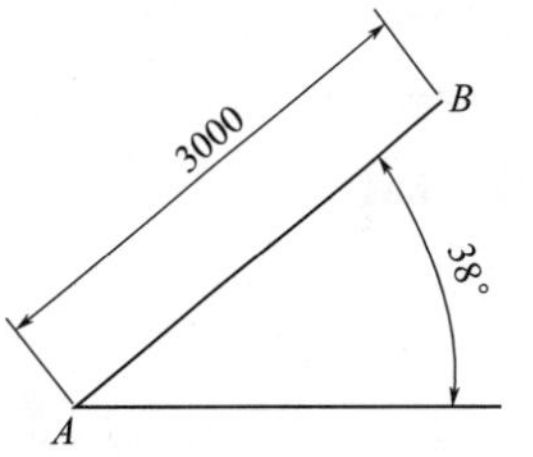

（3）"L"指令可以连续绘制首尾相连的多条直线，如果仅仅绘制一条直线，在询问第三点的时候，不再输入坐标数据，鼠标也不能够在绘图窗口单击拾取点位，而是直接回车，退出"直线"指令，命令行回到待命状态。

图 1-9　极坐标使用示例

（4）点的坐标有两种表达方式：一是"X，Y"直角坐标；二是"D<A"极坐标，D 与 A 之间符号是"<"，不是逗号"，"。D（distance）为点到坐标系原点的距离，标量始终为正值，A（angle）为点和原点连线与 X 轴正方向的夹角（CAD 默认逆时针旋转角度为正，顺时针旋转角度为负）。绘制已知倾斜角度的直线，无需换算 X 和 Y 坐标值，可直接输入极坐标。如图 1-9 所示，下达"L"指令之后，在确定第一点 A 点位置之后，指定下一点 B 点坐标时，输入"@3000<38"，即可绘制出长度为 3000mm，与水平方向倾斜 38°的直线（注意这里依然必须在第二点坐标前面加上"@"，表示 B 点坐标相对前一点 A 点而言）。当然绘制 3km 水平直线，也可输入"@3000000<0"极坐标，与输入"@3000000，0"直角坐标是

同样的图形结果，只不过极坐标中"0"代表直线与 X 轴正方向的角度值，直角坐标中"0"代表 Y 坐标值。

1.3.4　视图 Zoom 指令调整视图至综观全局的状态

手工绘制建筑施工图"平、立、剖"通常选用 1：100、1：200 比例。CAD 绘图界面仅是一个窗口，其外延无边际，不管多大的图形都可以 1：1 绘制，这是 CAD 绘图与手工绘图的重要区别，也是 CAD 绘图高效率的原因所在。CAD 也有设定绘图边界（limits）指令，但建筑绘图中不太建议使用。初次启动 CAD，其视图平面（即图形所在平面）紧靠绘图者视点，绘制较大尺度形体，只能够观察到形体的局部，如图 1-8 所示仅观察到 3km 长直线起始的一小段。视图控制 Zoom 指令，就是调整视图平面与绘图者视点的距离，绘图者视点不动，将视图平面调近调远。如何观察到 3km 直线的全部？命令行下达"Z"，回车，人机对话如下：

命令：Z

指定窗口的角点，输入比例因子（nX 或 nXP），或者［全部（A）/ 中心（C）/ 动态（D）/ 范围（E）/ 上一个（P）/ 比例（S）/ 窗口（W）/ 对象（O）］＜实时＞：A（输入 A 选项之后回车，图形结果如图 1-10 所示，3km 长的直线完整地显示出来，并恰好布满绘图窗口）

图 1-10　3km 长直线在视图调整之后完整显示并恰好布满绘图窗口

"Z"指令下的 A 选项，调整绘图平面与人视点的距离，这个距离能够保证所有图形恰好充满绘图窗口，而后再转动鼠标的滚轮，可以进一步调整视图的远近。特别强调一点，视图调整不是图形尺度的变大变小，而是图形与视点距离的变近变远，这与比例缩放（SCale）指令有着本质的区别，SCale 指令改变的是图形尺寸本身。"Z+A"是将图形推向远方，是"只见森林，不见树木"的综观全局的效果。绘制尺度较大的建筑施工图，通常首先要绘制图形之中最长的线段，而后下达"Z"指令，选择 A 选项，将视图平面推向远方，这样便能够纵观全局地绘图，这是非常关键的一步操作。绘制尺度较小的形体图形，就很少涉及"Z+A"的指令对话过程。

视图调整还包括"实时平移"、"实时缩放"、"窗口缩放"等方式，如图 1-11 所示，以实时平移为例，单击标准工具栏上的小手掌图标，或命令行下达"P"，可进行图形平移操作，将绘图区域以外的图形移动到便于观察的位置。

微课 3

绘制 3km 长直线
与视图调整

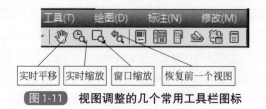

图 1-11　视图调整的几个常用工具栏图标

平移（Pan）指令与后续学习的移动（Move）指令的区别：Pan 好比图纸在图板上整体移动，图纸上所有图形对象之间距离和结构关系保持不变；而 Move 则要选择对象，是部分图形在图纸上的移动，也就改变对象之间距离和结构关系。

"窗口缩放"在实际绘图中也经常使用，单击标准工具栏上的窗口图标，或命令行下达"Z"选择"W"选项，即可进行窗口缩放，与"Z+A"效果相反，"Z+W"则是将视图平面拉近视点，是"只见树木，不见森林"的局部图形进行重点关注的效果。

1.4 任务3 绘制大学城总平面示意图

训练内容和教学目标

绘制 7 个矩形图形，掌握正交（F8）和对象捕捉（F3）辅助功能，掌握删除 Erase（E）指令对话，并在编辑过程中，能够正确选择对象等。

1.4.1 打开正交（F8）辅助功能，绘制 3km×1.5km 的外框四边形

建筑工程图样大多数线段是正交方向（平行于 X 轴的水平方向或平行于 Y 轴的垂直方向）的线段，按下状态栏上"正交"或【F8】功能键，打开正交辅助绘图功能，此时绘制直线或移动对象将优先水平或垂直方向。在图 1-10 视图调整到可以观察 3km 长的直线状态下，可以一次 L 指令连续绘制出首尾相连的四条正交直线，即 3000000×1500000 的矩形图形。按下【F8】，打开正交功能，命令行下达"L"，回车，人机对话如下：

命令：L

LINE 指定第一点：（十字光标窗口适当位置左键单击确定第一点，并移动光标向右）

指定下一点或 [放弃（U）]：3000000（在光标向右移动的条件下，直接输入不分正负的距离标量 3000000，回车，第一条 3km 水平直线完成，同时移动光标向上）

指定下一点或 [放弃（U）]：1500000（在光标向上移动的条件下，直接输入距离 1500000，回车，第二条 1.5km 垂直直线完成，同时移动光标向左）

指定下一点或 [闭合（C）/放弃（U）]：3000000（在光标向左移动的条件下，直接输入距离 3000000，回车，第三条 3km 水平直线完成，同时移动光标向下。如果在输入距离的时候，不小心输入错误，则输入选项 U，放弃刚刚输入的距离，而后输入正确的数字，即可继续对话，不必退出直线指令）

指定下一点或 [闭合（C）/放弃（U）]：C（首先光标向下移动，直接输入距离 1500000，回车，第四条 1.5km 垂直直线完成。连续绘制首尾相连的多条直线，如果最后一条直线的末点恰好是第一条直线的起点，即终点回到起点，可以输入选项 C，表示最后一条直线完成闭合 close 任务，并同时结束直线指令过程。如果输入距离 1500000，回车后，程序还会询问下一点，而后再回车，才能够退出直线指令的过程）

上述对话结果如图 1-12 所示，3km×1.5km 的外框四边形在视野范围内，一次性快速完成。正交状态下绘制图形，相比直角坐标的输入（省略了一个为零的坐标值、逗号、正负号的输入），对话简洁明了，除了绘制倾斜线段，通常情况下尽可能打开正交功能，可以提高绘图效率。

前面提到动态输入功能（如图 1-7 所示），在绘制上述直线过程中，命令行所有内容同时跟随光标显示，即便没有打开正交功能，也可以在动态输入状态下，利用显示角度为 0°、90°、180°等正交角度，绘制正交直线，如图 1-13 所示。但没有正交的约束，光标移动过程中，角度变化太敏感，容易出现倾斜情况。

微课 4

绘制 3km×1.5km 矩形

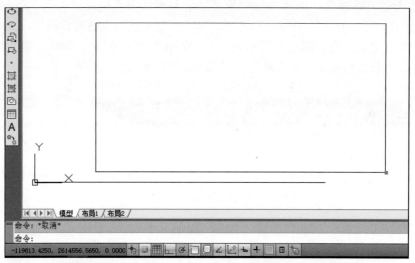

图 1-12　正交状态下一次性连续绘制首尾相连的四条直线

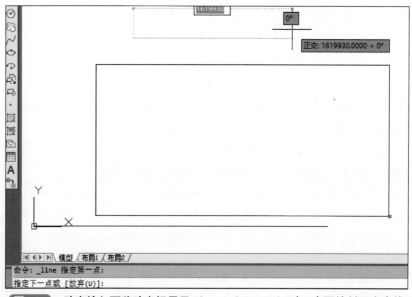

图 1-13　动态输入下移动光标显示 0°、90°、180° 时，也可绘制正交直线

1.4.2　打开对象捕捉（F3）辅助功能，连续绘制六个 0.9km×0.5km 矩形

在大学城外框大矩形绘制完成的情况下，继续绘制六个学院 900000×500000 小矩形，涉及小矩形相互之间的定位尺寸问题，如图 1-1 所示。从绘制左下角小矩形开始，需要绘制一条辅助线，辅助线的起点为外框大矩形的左下角的角点，辅助线的末点为小矩形的左下角的角点。下达 "L" 指令后，line 指定第一点，按下【F3】，或者状态栏上的单击打开 "对象捕捉" 功能，该功能在 CAD 绘图过程中，所有询问点位的时候，只要光标移动到相应点位的附近，就会自动显示特征点，而后左键单击就可以实现点位的精确捕捉。光标移动到状态栏 "对象捕捉（F3）" 上，右键菜单上选择 "设置" 后出现对话框，如图 1-14 所示，根据需要勾选其中的对象捕捉模式。注意有关特征点显示几何形状，如端点为 "□" 字形，中点为 "△" 形，交点为 "×" 形等。

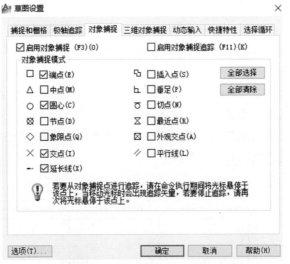

图 1-14 "对象捕捉"模式对话框

在图 1-12 的基础上，下达直线"L"指令，询问第一点的时候，光标移动到矩形左下角附近，出现"口"字形黄色特征点（代表端点），左键单击便捕捉到辅助线第一点，回车后询问第二点，输入"@75000，100000"后回车，便定位到小矩形左下角的角点，此时不要回车退出直线指令过程，打开正交功能，继续绘制小矩形的四条正交直线，其过程与大矩形的绘图过程完全相同，只是正交状态下输入的距离数值不同，具体数值参考图 1-1 尺寸标注，六个学院均为 0.9km×0.5km 矩形。各个学院之间的间距也是绘制辅助线实现，重复下达"L"指令，配合"对象捕捉（F3）"、"正交（F8）"、"动态输入（F12）"等辅助功能，即可快速完成大学城总平面示意图，如图 1-15 所示。

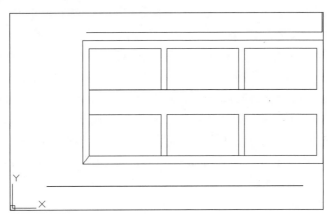

图 1-15 通过辅助线实现图形之间的定位，重复直线指令绘制相应图形

特别提醒 如果退出某个指令，接着又要执行这个指令，无需单击工具栏图标或者命令行快捷键，直接回车便可恢复指令的执行。一些微小功能的使用，比如回车。恢复刚结束的指令；直线过程中出现输入错误，选项 U，放弃一小步；连续绘制直线，选项 C，最后一条直线末点回到第一条直线起点等，可大大提高绘图效率。

1.4.3 下达删除 Erase 指令，清除图面所有多余对象

图 1-15 中，有多条多余的直线，包括六个小矩形之间的辅助线，单击修改工具栏上的 图标，或者命令行下达快捷键"E"，回车，对话如下：

命令：erase

选择对象：找到 1 个（鼠标拾取最下面一条 3km 的多余直线）

选择对象：找到 2 个，总计 3 个（鼠标框选上面两条多余直线）

……

选择对象：找到 1 个，总计 9 个（鼠标分 6 次分别拾取 6 条辅助线，如图 1-16 所示，目前图面中一共有 9 根直线呈虚线状态，表示被选中）

选择对象：回车（确认选择对象的过程结束，9 根呈虚线状态被选择的直线即刻从绘图窗口消失，完成删除多余线段的操作）

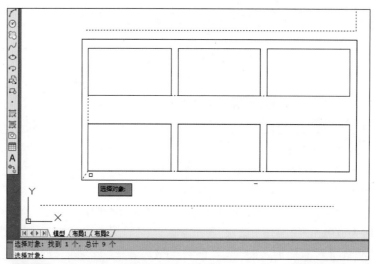

图 1-16 拾取 9 根直线呈虚线高亮显示，回车确认，9 根直线被删除

凡是修改工具栏中诸如"删除"等命令下达之后，命令行必然出现"选择对象"（select objects）对话提示。什么是 CAD 的对象？凡是"绘图"工具栏中诸如"直线"命令绘制的图形，包括后续的尺寸标注和文字标注，都是 CAD 对象的范畴，对象的数量取决命令执行的次数，比如"直线"命令执行四次，产生 4 条直线组成的矩形，对象数量为 4 个。后面学习的"矩形"命令只执行一次，同样产生 4 条直线组成的矩形，但对象的数量却是 1 个。

选择对象的方式很多，主要有"拾取"、"窗口"、"选项"三种方式。下达"删除"编辑命令之后，命令行提示"选择对象"，鼠标变成"口"形拾取框，移动此框，左键逐个单击选择对象，被选择对象呈虚线高亮度显示。拾取方式适用于选择较少的对象和特殊的对象。图 1-16 中的 9 根直线比较离散，只能够采用"拾取"方式分别选择对象。

窗口选择分实框和虚框两种情况。将拾取框在对象的左侧按下，向右侧展开为实框，只有被实框完全包围的对象，才算被选中；将拾取框在对象的右侧按下，向左侧展开为虚框，凡是被虚框包围或者相交的对象，均算被选中，如图 1-17 所示。实框选择比较谨慎，虚框选择比较容易选中对象。一般情况下，对象较多且相对集中，优先选用虚框选择方式。

"选项"是在命令行出现"选择对象"对话提示后，输入"？"后回车，就会出现下列提示行：需要点或窗口（W）/上一个（L）/窗交（C）/框（BOX）/全部（ALL）/栏选（F）/圈围（WP）/圈交（CP）/编组（G）/添加（A）/删除（R）/多个（M）/前一个（P）/放弃（U）/自动（AU）/单个（SI）/子对象（SU）/对象（O），其中 W、C 选项与实框、虚框相同，L 就是选择最后绘制的对象，ALL 选择所有图形等。其余选项实际绘图中应用较少，此处不作深究。如果误选对象，则按住【Shift】键，左键单击误选对象，即可取消选择。

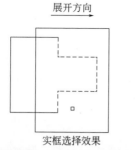
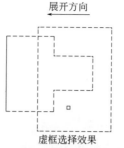

实框选择效果　　　　　　虚框选择效果

图 1-17 实框完全包围被选中，虚框包围或相交被选中

特别提醒 CAD 默认"先下达命令，再选择对象"顺序，其实也可"先选择对象，再下达命令"顺序，后者选中对象不仅呈虚线高亮度显示，而且对象的特征点会出现夹点（蓝色的小方框），而后下达"删除"等编辑命令，效果完全相同。本书 2.8 任务中的夹点编辑方式，即是"先选择对象，再下达命令"的顺序。在绘图过程中，经常无意识选中对象，出现蓝色的夹点，此时如果没有修改的操作意图，可按【ESC】键，放弃蓝色夹点的选择状态。

微课 5

绘制六个 0.9km × 0.5km 小矩形

至此，完成导引项目七个矩形图形的绘制任务，有关该图的尺寸标注、文字标注，以及指北针等符号，将在主体项目相应的任务中补充完整。

1.5 总结

导引项目看似简单，但是所学内容和技能，比如鼠标键盘的操作，却是贯彻后续整个课程的重要基础，在绘制复杂建筑施工图之前，应该进行要点归纳和补充训练。

1.5.1 要点归纳

1.5.1.1 点的坐标输入方式

整个图形除了第一条直线的第一点，可以光标在绘图窗口中自由拾取，后面所有图形的点位，均要满足图形结构和尺寸的要求。输入点的坐标，通常选用"@ X，Y"相对直角坐标的方式，特殊情况下，可以选用"@ D<A"相对极坐标的方式。如果图形之中，大多数线段为水平或者垂直的线段，则优先使用"正交"和"动态输入"的辅助功能，简化点的坐标输入。随着绘图对象越来越丰富，更多情况是通过"对象捕捉"来实现点的定位，根本不需要输入点的坐标数值或者正交距离等。

1.5.1.2 CAD 指令的语法原则

导引项目所学习的是最简单的也是最常用的 CAD 绘图指令和编辑指令，如直线 Line，删除 Erase、视图调整 Zoom，文件保存 Saveas 等。CAD 绘图过程就是人机对话过程，对话流畅，绘图效果自然又快又好。以 Z 对话过程为例，命令：Z，回车后出现：

指定窗口的角点，输入比例因子（nX 或 nXP），或者［全部（A）/ 中心（C）/ 动态（D）/ 范围（E）/ 上一个（P）/ 比例（S）/ 窗口（W）/ 对象（O）］＜实时＞：

这个对话包含三个部分：①第一部分是起始句"指定窗口的角点，输入比例因子"，可以在绘图窗口中鼠标拾取不在一条直线的两点，确定一个矩形窗口，凡是在这个窗口中的图形被给予重点显示，也可以在冒号后面直接输入一个比例数据，比如大学城总平面图，可以输入 0.0001，就可以看到全部图形。②第二部分是或者"[……]"方括号中的各个选项，如冒号之后输入 A，全部图形对象便显示在绘图窗口。③第三部分是"<……>"，尖括号中选项为直接回车的默认选项，本对话直接回车并自动进入实时缩放的界面，窗口出现实时缩放图标，如图 1-11 所示，通常尖括号中的选项字母或数据是最近一次该指令操作数据的记忆。

1.5.1.3　CAD始终1∶1绘图

　　CAD 绘图区域就是一个"窗口"，可以把其理解为一张无限大的白图，不管所绘建筑形体的尺度有多大，CAD 都可以始终按照尺寸数字 1∶1 绘图，并可以通过"Z"指令，调整视图，或重点观察，或综观全局，这是 CAD 绘图和手工绘图一个最明显的区别。手工绘图必须首先确定一张白图的幅面，然后再计算绘图的比例，绘图过程中每一个线段都要按照比例换算绘图长度。CAD 始终 1∶1 绘图，这一点就使得手工绘图的效率望其项背了。CAD 绘图一开始不需要选择图框和标题栏，通常是等到所有图形绘制完毕，再考虑选择图框和标题栏，CAD 图形输出打印的时候，CAD 会根据选用的图幅，自动计算打印出图的比例。有关打印出图参考 2.13 任务的相关内容。

1.5.2　补充训练

1.5.2.1　绘制牛腿柱

　　如图 1-18 所示为工业厂房常用的牛腿柱立面图，绘制图形，尺寸留后续项目补充完成，文件名：牛腿柱。

　　绘图要点提示：任选一点开始，连续绘制直线，正交线光标移动后输入距离即可，两条倾斜线段，输入相对极坐标，注意极坐标中有关角度正负和数值大小的确定，同样逆时针30°的角度，也可以表达为顺时针的 -330°。

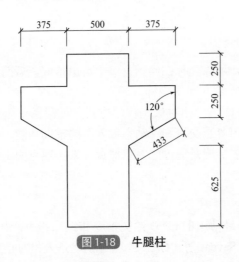

图 1-18　牛腿柱

微课 6

绘制牛腿柱

1.5.2.2　绘制A3、A2标准图框

　　如图 1-19 所示，为标准 A3 图幅的尺寸图，自学矩形命令，绘制内外两个矩形框，无需尺寸标注，有关标题栏的线段和文字标注留给后续项目任务补充完整，文件名：A3 图框。

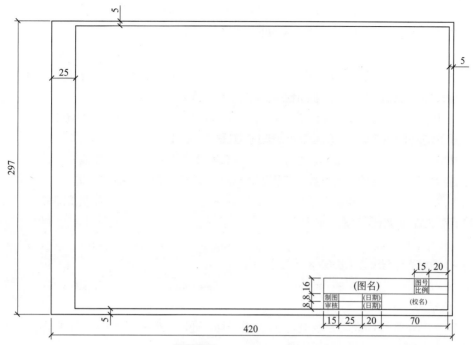

图 1-19 A3 图幅尺寸图

绘图要点提示：下拉菜单【绘图】→【矩形】，或单击"绘图"工具栏上 ▢ 图标，或者命令行输入快捷键 Rec，人机对话如下：

命令：_rectang

指定第一个角点或［倒角（C）/标高（E）/圆角（F）/厚度（T）/宽度（W）］：（询问第一个角点，鼠标在绘图区域任意拾取一点）

指定另一个角点或［面积（A）/尺寸（D）/旋转（R）］：@420，297（询问另一个角点，键盘输入相对直角坐标，回车后完成外框的矩形绘制）

模仿导引项目，通过辅助线找到内框矩形的第一角点，重复上述矩形对话，便可完成内框的绘制。矩形命令只需要提供两个角点，就可以绘制出四条直线。学习了"Rec"之后，你还会选择"L"指令绘制导引项目的七个矩形吗？随着课程的推进，绘制同样的图形，可供选择的 CAD 指令也就越来越多，绘图效率也就越来越高！

在完成 A3 图框的基础上，学生课外独立完成 A2 图框，有关 A2 图框尺寸须符合国家制图规范，学生自行查阅相关规范。文件命名为：A2图框。

微课 7

绘制 A3 图框

1.5.2.3 项目测验题

测验目的是为强化 CAD 绘图技能知识点的理解，下面将进行测验。

一、选择题

（1）在 AutoCAD 系统中，图形文件的默认扩展名是（   ）。

A. *DWT   B. *DWG   C. *DWK   D. *DXF

（2）CAD 一个指令下达的途径有（   ）。（多选题）

A. 命令行快捷键   B. 菜单下拉中选择   C. 工具栏单击图标   D. 屏幕右键菜单

（3）下列坐标点的输入中，错误的是（   ）。

A. 30，50　　　　　　B. 30<50　　　　　　C. @30，50　　　　　D. 30，<50

（4）在 Zoom 命令的选项中，要使所有图形全部显示出来应选（　　　）。

A. All　　　　　　　B. P　　　　　　　　C. Extents　　　　　　D. Center

（5）线段 AB 为水平线，A 点坐标为（40，60），AB 长度为 100，B 在 A 的右侧，在画线操作中，输入 A 点坐标后，再输入（　　　）可画出线段 AB。（多选题）

A. 140，0　　　　　　B. @140，0　　　　　C. @100，0　　　　　D. @100<0

（6）重复刚刚退出的指令，下达指令最快的方式是（　　　）。

A. 快捷键　　　　　　B. 工具栏图标　　　　C. 右键菜单　　　　　D. 回车

（7）连续绘制直线，最后一条直线末点回到第一条直线起点，指令对话的选项是（　　　）。

A. A　　　　　　　　B. U　　　　　　　　C. C　　　　　　　　D. 直接回车

（8）用矩形命令绘出的矩形，应看作（　　　）个实体。

A. 1　　　　　　　　B. 2　　　　　　　　C. 3　　　　　　　　D. 4

（9）A3 图幅的标准尺寸（长度 × 宽度）是（　　　）。

A. 1189 × 841　　　　B. 841 × 594　　　　C. 594 × 420　　　　D. 420 × 297

二、填空题

（1）CAD 绘图窗口默认的背景色是_____色，可以通过"选项"对话框修改背景色。

（2）CAD 绘图默认长度尺寸的单位是_____。

（3）绘制平行于 X 轴或平行于 Y 轴的直线，通常按快捷键_____打开正交状态。

（4）选择多个对象过程中，如果误选对象，按_____键可以将误选对象退出选择状态。

（5）矩形指令的快捷键是_____。

三、判断题（正确在括号内打"√"，错误在括号内打"×"）

（1）CAD 默认顺时针旋转为角度的正方向。（　　　）

（2）高版本 CAD 文件必须另存为低版本类型，才能够在低版本中打开。（　　　）

（3）CAD 绘图考虑将来出图打印的图幅大小，需要提前计算绘图比例。（　　　）

（4）动态输入（快捷键 F12）功能打开之后，光标附近显示指令对话过程，减少目光兼顾命令行对话和图形变化的麻烦，提高绘图效率。（　　　）

（5）删除指令下达之后，选择对象通常有三种方式：拾取、实框、虚框。（　　　）

（6）绘制新的图形，启动 CAD 程序之后，通常第一步就是文件另存为。（　　　）

（7）极坐标中角度数据 120°，也可以输入 -240°。（　　　）

2

主体项目 绘制 A、B 户型
住宅楼建筑施工图

2.1 项目布置

2.1.1 项目 A 目标图形和训练步骤

主体项目 A 为师生课内共同训练项目，任务是绘制 A 户型住宅楼的建筑施工图，共有 4 个目标图形，包括：标准层平面图（图 2-1）、底层平面图（图 2-2）、楼梯平面详图（图 2-3）、正立面图（①～⑰立面图、图 2-4）、户型平面图（图 2-5）。

读懂图纸，分析清楚图形特点和图形之间的相互关系，这是 CAD 绘图最重要的准备工作。首先阅读图 2-1 标准层平面图，该图为开间方向两次对称图形，①～⑰轴线之间的全部图形相对轴线⑨对称，而①～⑨轴线之间的图形又相对轴线⑤对称。CAD 绘图有镜像复制（mirror）指令功能，即项目 A 只需要先绘制完成①～⑤轴之间的户型平面图，如图 2-5 所示，然后运用镜像复制指令两次，便可快速完成整个标准层平面图的绘制任务。

其次阅读图 2-2 底层平面图，此图与标准层平面图大致相似，CAD 绘图有复制（copy）指令功能，即底层平面图无需一笔一划从零开始，整体复制标准层平面图之后，针对两者差异进行局部修改，便可快速完成底层平面图的绘制任务。

接下来阅读图 2-3 楼梯平面详图，该图包含四个相似的图形，首先从标准层平面图上"复制"截取相应图形，细节修改到位，完成"标准层楼梯平面详图"，然后整体复制再局部修改，便可快速完成其余三层的楼梯平面详图。

最后阅读图 2-4 正立面图，①～⑰正立面图和两张平面图之间符合三视图"长对正、高平齐、宽相等"投影规律之中的"长对正"关系。CAD 绘图有追踪辅助功能，在平面图先期完成的基础上再绘制立面图，可以利用"长对正"的投影关系，从平面图中追踪提取立面图的开间方向的定位尺寸和定型尺寸，明显提高绘制立面图的效率。

在上述读图基础上，确定项目 A 共有 12 个任务和六大训练步骤：（1）任务 1～7 绘制户型平面图，包括轴线、墙体、门窗等图形，以及文字和尺寸标注；（2）任务 8 户型平面图镜像生成单元平面图；（3）任务 9 单元平面图镜像生成标准层平面图，整体复制再局

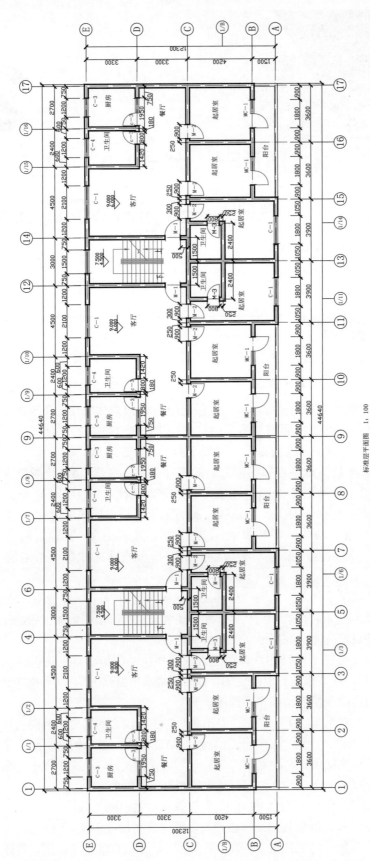

标准层平面图 1：100

图 2-1 A 户型住宅楼的标准层平面图

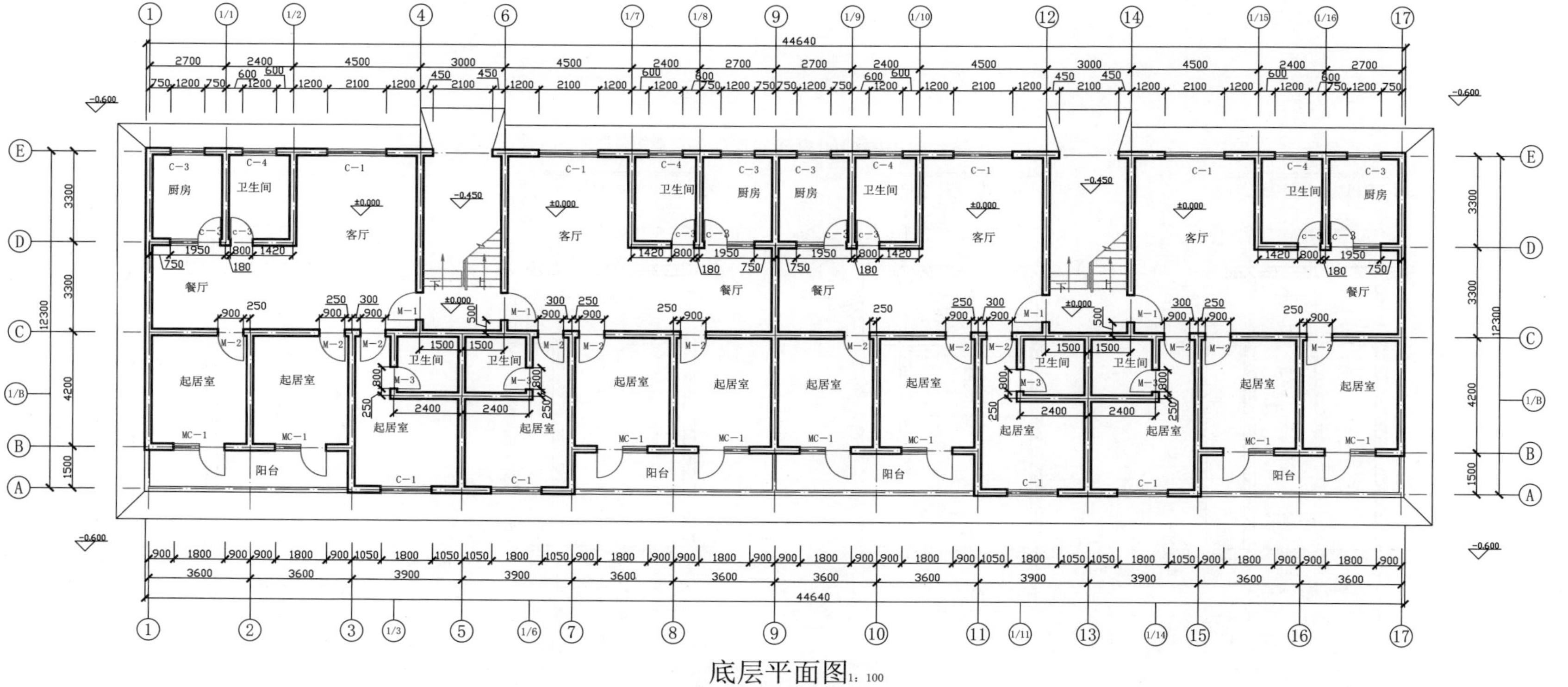

底层平面图 1:100

A户型住宅楼的底层平面图

图 2-2

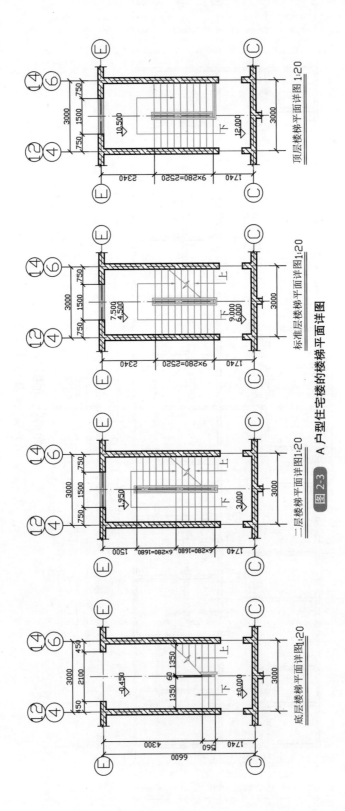

顶层楼梯平面详图 1:20

标准层楼梯平面详图 1:20

二层楼梯平面详图 1:20

底层楼梯平面详图 1:20

图 2-3　A 户型住宅楼的楼梯平面详图

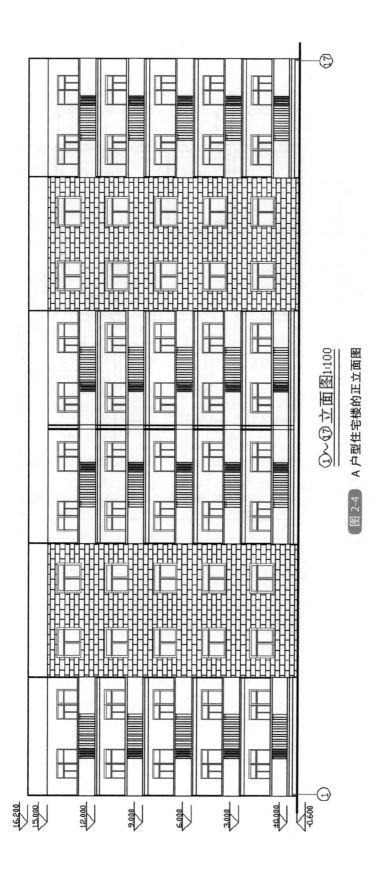

①～⑰ 立面图 1:100

A 户型住宅楼的正面图

图 2-4

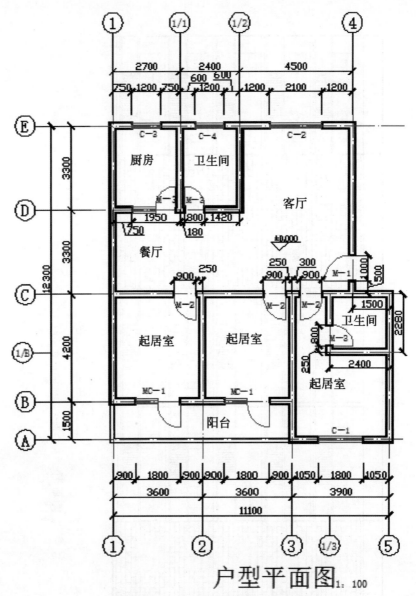

户型平面图 1:100

图 2-5　A 户型住宅楼的户型平面图

部修改完成底层平面图；（4）任务10　从标准层平面图中"复制提取"楼梯踏步图形，整体复制再局部修改完成四个相似的楼梯平面详图；（5）任务11　利用"长对正"关系，从标准层平面图上追踪提取有关门窗开间方向的尺寸，绘制①～⑰立面图；（6）任务12　目标图形套用图框和标题栏，并进行出图打印设置等。

2.1.2　项目 B 目标图形和训练步骤

　　项目 B 为学生课外独立训练项目，任务是绘制 B 户型住宅楼的建筑施工图，共有 4 个目标图形，包括：标准层平面图（图 2-6）、底层平面图（图 2-7）、楼梯平面详图（图 2-8）、正立面图（①～㉑立面图、图 2-9）。

微课 8

项目 A 目标图形
特点分析

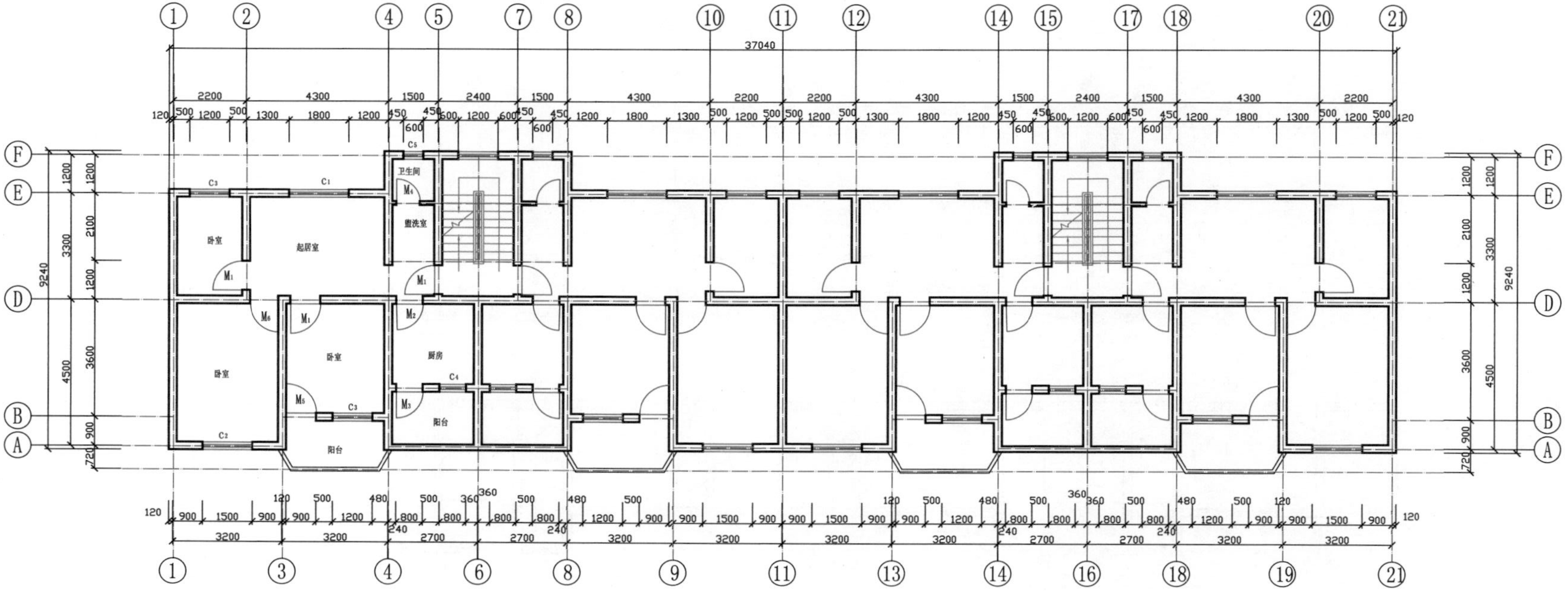

标准层平面图1：100

B 户型住宅楼的标准层平面图

图 2-6

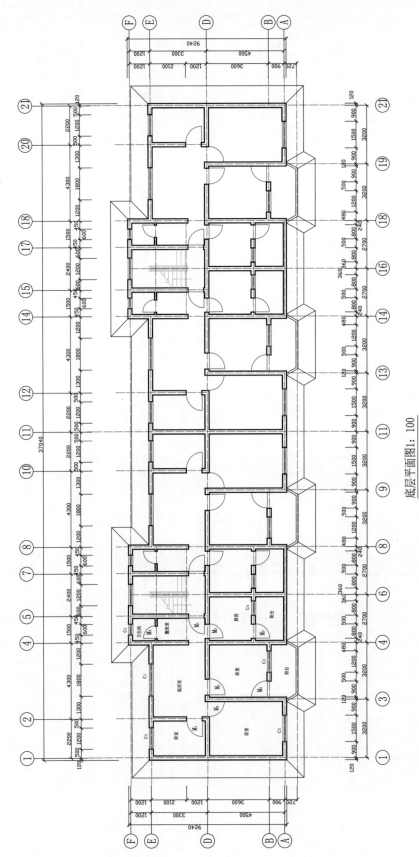

底层平面图1：100

图 2-7 B 户型住宅楼的底层平面图

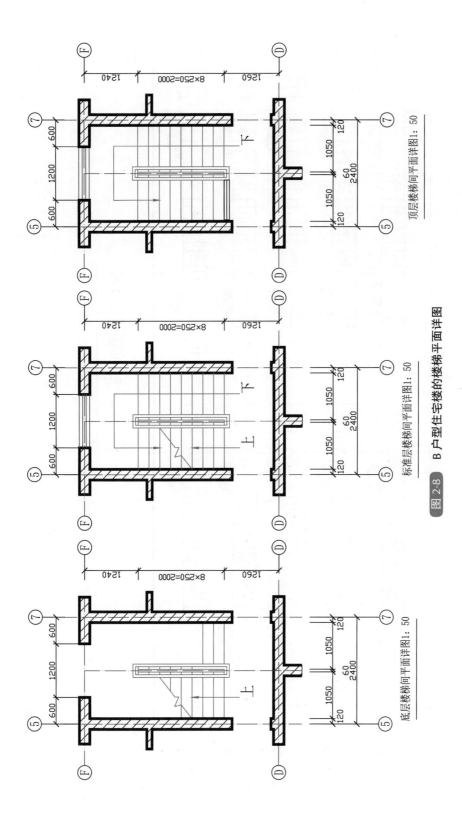

顶层楼梯间平面详图1：50

标准层楼梯间平面详图1：50

底层楼梯间平面详图1：50

B 户型住宅楼的楼梯平面详图

图 2-8

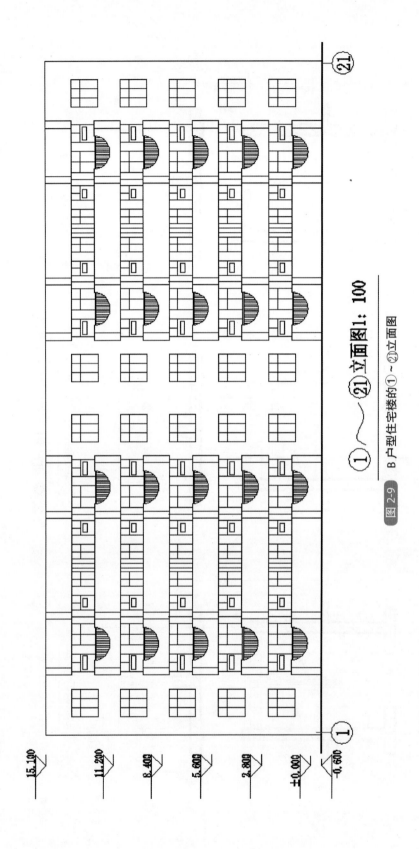

①～㉑立面图1：100

图2-9 B户型住宅楼的①～㉑立面图

15.100

11.200

8.400

5.600

2.800

±0.000

-0.600

㉑

①

A、B 户型住宅楼的平面结构非常相似，绘图方法、步骤基本相同，开始阶段也是先绘制 1/4 户型平面图，如图 2-10 所示，然后 2 次镜像复制生成标准层平面图。底层平面图也是由标准层平面图整体复制再局部修改而成。楼梯平面详图也是从标准层平面图中截取图形，先完成标准层楼梯详图，然后再复制修改出其余楼层的楼梯平面详图。立面图同样是利用长对正投影规律，从平面图中追踪提取门窗开间尺寸，B 户型层高 2800mm，门窗规格参考图 2-10 的门窗表。项目 B 未注明尺寸，如阳台栏杆的细部尺寸，楼梯详图中踏步的尺寸，以及底层散水宽度尺寸等，参考项目 A 和有关专业规范，自行设计，和谐协调即可。

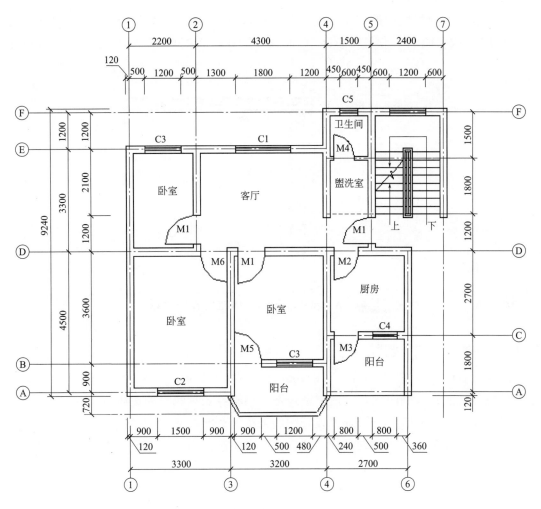

门窗表

门编号	洞口尺寸	门编号	洞口尺寸
M1	900×2100	C1	1800×1500
M2	800×2100	C2	1500×1500
M3	800×2400	C3	1200×1500
M4	700×2100	C4	800×1500
M5	900×2400	C5	600×1500
M6	860×2100		

图 2-10　B 户型住宅楼的户型平面图及其门窗表

本书后续主要围绕项目 A 每个子任务展开训练，项目 B 作为项目 A 的补充，进度与项目 A 保持一致，为此本书将项目 B 子任务分解为项目 A 子任务的课外作业，两者一一对应。项目 A 课内师生共同训练完成，项目 B 学生课外自主训练完成，两者同步推进，反复训练，力求达到熟能生巧的学习效果。

2.2　任务 1　绘制户型图定位轴网

训练内容和教学目标

绘制项目 A 户型图中的定位轴线（图 2-11），在此过程中掌握图层 Layer（LA）、线型比例 LTScale（LTS）、偏移 Offset（O）、修剪 Trim（TR）、移动 Move（M）等指令的对话要领。

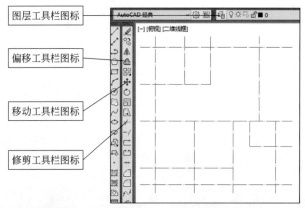

图 2-11　A 户型住宅楼的户型平面图的定位轴网

2.2.1　创建"轴线"图层

启动 CAD 程序，首先另存为（Saveas），文件命名为：户型图 - 轴网。接下来绘制定位轴线，按照建筑制图规范，定位轴线是"细单点长划线"的虚线线型，同样是直线 Line 指令绘制直线图形，CAD 通过设置图层来实现不同线型（图层就好比一本书的分页，第一页绘制定位轴线，第二页绘制墙体，第三页绘制门窗，第四页文字标注，第五页尺寸标注，只要保证每一页图形相对位置的准确性，同时每一页都是绝对透明，这样便可呈现完整的图形）。分层绘图，既可以设定每层对象的特性（颜色、线型、线宽等），还可以对图层进行"打开和关闭"、"解锁和锁定"、"冻结和解冻"、"打印和不打印"等操作控制。CAD 启动界面中默认有"图层"和"特性"工具栏，如果不小心关闭这两个工具栏，光标移动到现有工具栏空白处，右键出现工具栏选择菜单，左键勾选其中的"图层"和"特性"，便可调出工具栏，如图 2-12 所示，然后可以左键拖动工具栏至屏幕适当位置。

命令行下达快捷键：LA，回车，或单击图层工具栏最左一个按钮【图层特性管理器】，可以弹出图层设置对话框，如图 2-13 所示。CAD 默认 0 图层存在，0 图层不可以删除，也不可以重新命名。每单击【创建图层】按钮一次，即创建一个新图层，可以图层命名、设置图层的颜色、线型、线宽等。单击【创建】按钮，新建一个图层；单击图层名称，命名为"轴线"；单击颜色图标，在"选择颜色"对话框中单击选择红色，颜色可自由选择，实际工作遵循公司风格，便于图纸之间的借用等；单击线型图标，在"选择线型"对话框单击选择线型，如果没有所需要的线型，再单击【加载】按钮弹出"加载或重载线型"对话框，加载"细单点长划线线型"对应线型名称为"ACAD-ISO04W100"，两次【确定】，关闭两重对话框。线宽为默认。其中图层控制开关 处于默认"开"、"解冻"、"解锁"状态，如果误操作为"关闭"、"冻结"、"锁定"状态，请单击相关按钮，恢复默认状态。

图 2-12　调出图层、特性工具栏

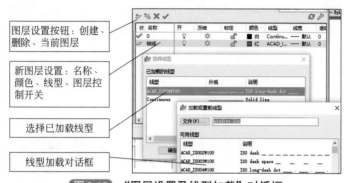

图层设置按钮：创建、删除、当前图层

新图层设置：名称、颜色、线型、图层控制开关

选择已加载线型

线型加载对话框

图 2-13　"图层设置及线型加载"对话框

2.2.2　绘制水平和垂直第一根轴线并调整线型比例

从工具栏下拉选择"轴线"图层为当前图层，检查"特性"工具栏的"线型、颜色、线宽"是否是默认的"bylayer（随层）"，而不是"byblock（随块）"等。正交状态下，绘制定位轴线网最下方的水平轴线，长度从图 2-5 户型图中读取，建议绘制长度为14000mm。下达直线命令"L"，光标确定第一点之后，向右移动，输入距离 14000，回车结束直线命令。下达命令"Z"，选项 A，回车后，看到 14m 长的直线充满绘图窗口，转动鼠标中轮，视图进一步缩小。接着绘制定位轴线网最左方的垂直轴线，长度同样为 14000mm。下达命令"L"，在水平轴线的左端点的右下侧附近处，光标拾取第一点，然后移动光标向上移动，输入距离14000，回车结束直线命令。目前视觉看不出是"细单点长划线"的虚线线型效果，如图 2-14 所示。

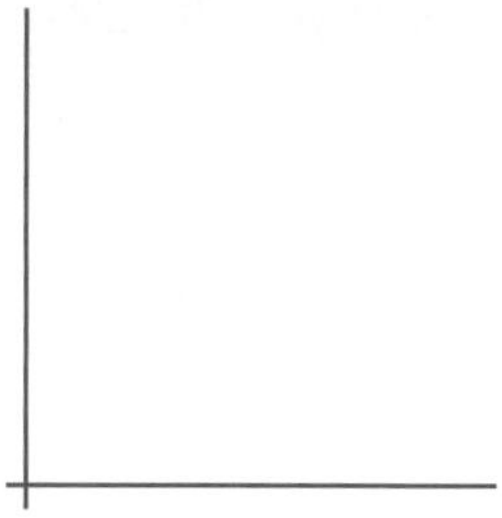

图 2-14　绘制两条定位轴线，视觉不是"细单点长划线"效果

虚线线型没有正确显示的原因是虚线中"虚、实"比例问题，在视图调整之后，观察距离变远之后，"虚"部分被忽视了。调整线型有两个途径：一是命令行下达命令"lts"，人机对话：LTScale 输入新线型比例因子 <1.0000>：30（将默认线型比例 1，更改为 30，回车确认）；第二个途径命令行下达命令"linetype"，或下拉菜单：【格式】→【线型】，弹出"线型管理器"对话框，如图 2-15 所示，单击【显示细节】按钮变成【隐藏细节】按钮，

其中"全局比例因子"修改为30，两条轴线便显示出图层设置的"细单点长划线"线型效果，如图2-16所示。

图 2-15 "线型管理器"对话框

微课 9

图 2-16 修改线型比例，显示轴线虚线效果

绘制户型图的 A 号和 1 号定位轴线

2.2.3 偏移（Offset）指令生成户型图其余定位轴线

定位轴网的图形特点是轴线之间相互平行，可以通过偏移（Offset）指令，偏移上述两条直线生成其余的定位轴线，而不是每条直线都是下达命令"L"，那样就是手工绘图思维。下拉菜单【修改】→【偏移】，或单击修改工具栏上 图标，或命令行下达"O"快捷键，人机对话如下：

命令：Offset

当前设置：删除源＝否 图层＝源 OFFSETGAPTYPE=0（提示当前偏移指令默认设置）

指定偏移距离或 ［通过（T）/删除（E）/图层（L）］＜通过＞：1500（优先答复偏移距离，此处答复 1500。或输入"T"、"E"、"L"等选项，直接回车认可尖括号的选项，尖括号选项是最近一次指定的偏移距离，目前选项为通过）

选择要偏移的对象，或 ［退出（E）/放弃（U）］＜退出＞：（拾取要偏移直线，或回车退出命令，此处拾取水平直线）

指定要偏移的那一侧上的点，或 ［退出（E）/多个（M）/放弃（U）］＜退出＞：（光标在被选择直线两侧拾取一个位置，程序便按照刚刚指定的偏移距离生成新的直线，此处光标在水平直线上方单击，按照指定的 1500 距离生成第二条水平轴线。如果此前是"T"选项，光标点在什么位置，新轴线就通过此位置生成）

选择要偏移的对象，或［退出（E）/放弃（U）］＜退出＞：（如果距离还是 1500，可以继续选择对象偏移，此处直接回车确认退出偏移命令）

直接回车，重复执行最近一次退出的偏移命令，人机对话如下：

命令：Offset

当前设置：删除源＝否　图层＝源　OFFSETGAPTYPE=0

指定偏移距离或［通过（T）/删除（E）/图层（L）］＜1500＞：4200（注意尖括号记忆的数据是最近一次偏移距离 1500，这里重新指定 4200）

选择要偏移的对象，或［退出（E）/放弃（U）］＜退出＞：（拾取第二条水平轴线）

指定要偏移的那一侧上的点，或［退出（E）/多个（M）/放弃（U）］＜退出＞：（光标在第二条轴线上方单击，偏移生成第三条轴线）

选择要偏移的对象，或［退出（E）/放弃（U）］＜退出＞：（如果距离还是 4200，可以继续选择对象偏移，此处回车确认退出偏移命令）

以此类推，可以连续运用偏移命令，偏移水平轴线和垂直轴线，偏移距离从图 2-5 中读取，最终生成整个户型平面图的定位轴网，如图 2-17 所示，共有 6 条水平轴线，8 条垂直轴线。偏移就是平行复制，除了直线可偏移外，圆、圆弧、矩形、正多边形等图形对象均可偏移复制。

2.2.4　移动（Move）指令整理定位轴网

如图 2-17 所示，整个轴网图形紧靠绝对坐标系图标，另外水平轴线和垂直轴线的交叉偏左侧，需要通过移动指令进行图形整理。下拉菜单【修改】→【移动】，或单击修改工具栏⊕图标，或命令行下达"M"快捷键，人机对话如下：

命令：Move

选择对象：指定对角点：找到 14 个（从右向左虚框框取全部 14 条定位轴线）

选择对象：（回车一次，确认对象选择过程结束）

指定基点或［位移（D）］＜位移＞：＜

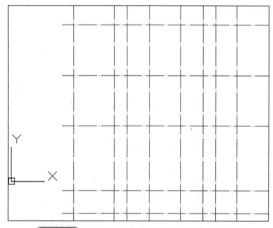

图 2-17　偏移生成户型图的定位轴线网

正交 关＞指定第二个点或＜使用第一个点作为位移＞：（关闭正交功能，解除对象移动的正交约束，同时左键捕捉整个图形中任意一点，作为 14 条定位轴线移动的基点，然后移动基点带动被选择的 14 条轴线向屏幕的右上方移动，这样整个图形便离开绝对坐标系图标，避免绝对坐标系对后续绘图的遮掩）

接下来绘制 6 条水平轴线和 8 条垂直轴线的辅助对角线，然后下达"移动"（M）指令，虚框一次选择全部的 6 条水平轴线及其对角线，并选择其对角线的中点（特征点为三角形标志）为基点，然后将基点捕捉定位到 8 根垂直轴线对角线的中点上，这样定位轴网的上下左右伸出距离就完全一致，如图 2-18 所示，最后下达"删除"（E）指令，删除 2 条对角线辅助线。

特别提醒　"移动"（M）指令相比"删除"（E）指令，都存在选择对象的对话；不同之处，"删除"（E）指令在选择对象确认之后，便完成了删除任务，但是"移动"（M）指令，在选择对象确认之后，还必须指定基点，以及基点的移动距离，或者将基点精确捕捉定位在目标点上，才能够完成整个移动的任务。

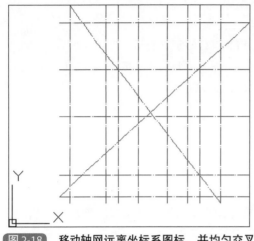

图 2-18　移动轴网远离坐标系图标，并均匀交叉

完成户型图的定位轴线网

2.2.5　修剪（Trim）指令修剪定位轴线网

对照图 2-5 户型图的定位轴线网不应该是全部"十"字交叉，而是有很多的"T"字交叉，需要运用"修剪"（Trim）指令修剪整个轴网。"删除"指令的被选对象是完全消失，"修剪"指令的被选对象只是一部分消失。如图 2-19 所示，讲解"修剪"命令的运用。

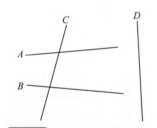

图 2-19　拟 A、B 为剪切边，C、D 为被修剪对象

下拉菜单【修改】→【修剪】或"修改"工具栏上单击 ，或命令行下达"TR"，人机对话如下：

命令：Trim

当前设置：投影 =UCS，边 = 无（告知当前参数状态）

选择剪切边…（提醒下面选择对象，供作剪刀之用）

选择对象或 < 全部选择 >：指定对角点：找到 2 个（用虚框选择 A、B 两条直线作为剪刀的对象，如果回车，便是选择当前图形中所有对象）

选择对象：（务必回车，确认作为剪刀的对象选择的过程完成）

选择要修剪的对象，或按住 Shift 键选择要延伸的对象，或 [栏选（F）/ 窗交（C）/ 投影（P）/ 边（E）/ 删除（R）/ 放弃（U）]：（鼠标拾取 C 线段在 A 线段的以上部分，A 剪刀起作用，C 线段在 A 线段的以上部分消失）

选择要修剪的对象，或按住 Shift 键选择要延伸的对象，或 [栏选（F）/ 窗交（C）/ 投影（P）/ 边（E）/ 删除（R）/ 放弃（U）]：（拾取 C 线段在 A、B 线段之间的部分，A、B 剪刀同时起作用，C 线段在 A、B 线段之间的部分消失。如果拾取位置错误，可以输入 U，放弃刚才的修剪）

对象未与边相交。（鼠标拾取 D 线段在 A 线段的以上部分，提示 D 与 A 不相交，A 剪刀不起作用，D 线段没有发生变化）

选择要修剪的对象，或按住 Shift 键选择要延伸的对象，或 [栏选（F）/ 窗交（C）/ 投影（P）/ 边（E）/ 删除（R）/ 放弃（U）]：（键盘回复 E 选项，进行修剪边的模式修改，回车后，出现下一行提示）

输入隐含边延伸模式 [延伸（E）/ 不延伸（N）]< 不延伸 >：E（键盘答复 E，剪刀边

为延伸模式，也可以答复 N，为不延伸模式，之前为不延伸模式，所以 A 修剪不到 D）

选择要修剪的对象，或按住 Shift 键选择要延伸的对象，或［栏选（F）/窗交（C）/投影（P）/边（E）/删除（R）/放弃（U）］：（鼠标拾取 D 线段在 A 线段的以上部分，A 剪刀隐含延伸之后起作用，D 线段在 A 线段的以上部分消失）

选择要修剪的对象，或按住 Shift 键选择要延伸的对象，或［栏选（F）/窗交（C）/投影（P）/边（E）/删除（R）/放弃（U）］：（拾取 D 线段在 A、B 线段之间的部分，A、B 剪刀同时隐含延伸之后起作用，D 线段在 A、B 线段之间的部分消失）

选择要修剪的对象，或按住 Shift 键选择要延伸的对象，或［栏选（F）/窗交（C）/投影（P）/边（E）/删除（R）/放弃（U）］：（拾取 D 线段在 B 线段以下部分，没有变化，D 线段余下的最后一段与 B 线段没有交叉，无法修剪，要去除这一段线，只能退出修剪指令后，使用删除命令。此处回车确认退出修剪命令，结果如图 2-20 所示）

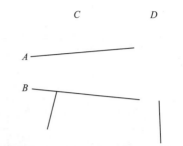

图 2-20 以 A、B 为剪刀边，拾取 C、D 相应区段的修剪效果

特别提醒 "修剪"命令的对话过程相对复杂。有两次选择对象的过程：一是选择作为剪刀的对象，二是选择被修剪的对象。存在多个剪刀边的情况下，选择被剪对象时注意拾取的位置，总之最靠近的剪刀边起作用，如果拾取框在单个剪刀边一侧，则拾取的一侧被修剪，如果拾取框在两个剪刀边之间，则中间线段被修剪。另外，剪刀边与被修剪对象不相交，但是目测延伸可相交，此时可以设定边的隐含延伸模式为延伸，同样起到修剪的作用。

微课 11

修剪整理户型图的定位轴线网

以如图 2-21 所示的轴线编号为准，项目 A 户型平面图定位轴网下达 6 次"修剪"命令：

（1）选择 E 为修剪边，分别修剪 2、4 在 E 的下侧线段；

（2）选择 D 为修剪边，分别修剪 3、5、6、8 在 D 的上侧线段和 7 在 D 的下侧线段；

（3）选择 C 为修剪边，修剪 6 在 C 的下侧线段；

（4）选择 4 为修剪边，修剪 E 在 4 的右侧线段；

（5）选择 5 为修剪边，修剪 B 在 5 的右侧线段；

（6）选择 6 为修剪边，修剪 C 在 6 的左侧线段；

至此达成目标图形，如图 2-11 所示，即绘制完成项目 A 户型平面图之定位轴网。

2.2.6 项目补充训练

2.2.6.1 绘制项目 B 户型图的定位轴线

目标图形如图 2-22 所示，绘图尺寸对照图 2-10 户型图，绘图步骤及指令选用与本任务完全一致。开间方向 6 根轴线仅轴线①～⑥，进深方向 9 根轴线，除了Ⓐ～Ⓕ 5 根主轴线之外，在Ⓐ 轴线下增加 1 根阳台墙体轴线，以及在Ⓓ与Ⓕ轴线之间增加 2 根盥洗室墙体轴线，这 3 根轴线后续可以给予附加轴线编号标注。

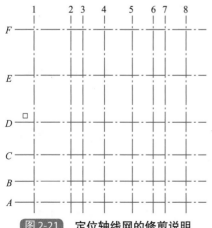

图 2-21 定位轴线网的修剪说明

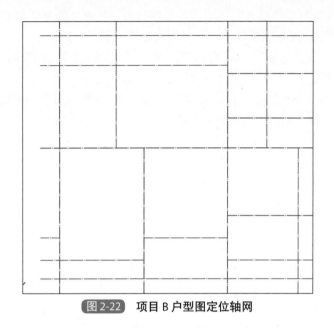

图 2-22 项目 B 户型图定位轴网

微课 12

运用偏移和修剪指令
绘制导引项目

2.2.6.2　重新绘制导引项目图形

　　如图 1-1 所示的导引项目，虽然表面是七个矩形的图形，但也是由开间方向和进深方向的多条平行直线组成，因此可以运用本任务所学习指令，重新绘制导引项目的图形。先用 **Offset** 指令偏移生成所有直线，然后修剪指令 **Trim** 修剪去除多余线段。随着课程深入学习，同样的图形，可供选择的指令组合方案越来越多。

2.2.6.3　项目测验题

　　一、选择题

　　（1）绘制建筑施工图，一般先绘制平面图，绘制平面图一般先绘制（　　　）。

　　A. 定位轴线　　　　　　　　B. 墙体轮廓线　　　　　　　　C. 门窗　　　　　　　　D. 任意图元

　　（2）CAD 虚线能够正确显示出来，必须满足以下条件中（　　　）。（多选题）

　　A. 图层线型设置为虚线　　　　　　　　　　　B. 线型特性控制为 bylayer（随层）

　　C. 线型比例与虚线尺度相匹配　　　　　　　　D. 视图控制显示比例恰当

　　（3）建筑平面图的定位轴线加载线型代号是（　　　）。

　　A. ACADISO002W100　　　B. ACADISO003W100

　　C. ACADISO004W100　　　D. ACADISO005W100

　　二、填空题

　　（1）三视图投影规律是＿＿＿＿＿＿＿＿＿＿＿＿＿＿＿＿＿＿＿＿，CAD 绘图可以利用投影规律提高绘图效率。

　　（2）偏移新生成的对象通过十字光标所在的点，偏移选项字母是＿＿＿＿＿＿。

　　（3）修剪指令对话过程中有 2 次选择对象的提醒，首先提醒：选择＿＿＿＿＿＿，回车确认完成该对象的选择之后，接着才会提醒：选择要修剪的对象。

　　（4）修剪边与要修剪对象并不实际相交，但是假设修剪边延长与修剪对象相交，在提醒选择要修剪对象时，需要键入选项的字母是＿＿＿＿＿＿，切换到输入隐含边延伸模式。

　　（5）选择要修剪对象时，即可以光标一一拾取，也可以键入选项字母＿＿＿＿＿栏选多个对象。

三、判断题（正确在括号内打"√"，错误在括号内打"×"）

（1）CAD 抄绘图纸最重要的准备工作就是要读图，分析图形特点，初步确定绘图步骤和有可能运用到绘图和编辑指令。（　　）

（2）CAD 绘图，在标准层平面图已经完成的基础上，可以整体复制＋局部修改的方法，快速完成与标准层平面图比较相似底层平面图。（　　）

（3）向内偏移矩形，偏移最小距离应该大于矩形短边长度的一半。（　　）

（4）移动指令（Move）选择全部图形和视图控制中平移（Pan）效果是一致的。（　　）

（5）可以通过修剪指令的多段执行，将一条直线完全删除。（　　）

（6）修剪指令对话被选中为剪切边的对象，就不能够被选中为要修剪的对象。（　　）

（7）多条平行直线的距离不相同，偏移指令可以一次性指定所有偏移距离。（　　）

2.3　任务 2　绘制户型图墙体

训练内容和教学目标

绘制项目 A 户型图中的墙体（图 2-23），在此过程中掌握多线 MLine（ML）、多线编辑 mledit（双击）、多线样式 mlstyle、分解 expolde（X）等指令的对话要领。

本任务仅分解指令有默认工具栏图标。

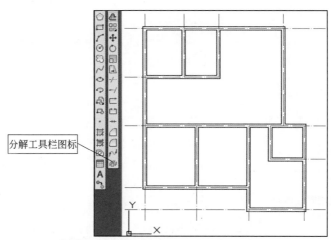

分解工具栏图标

图 2-23　A 户型住宅楼的户型平面图之墙体

2.3.1　运用多线（MLine）指令绘制墙体轮廓线

打开任务 1 完成的图形文件，另存为文件名：户型图之墙体。下达"LA"命令，进入图层设置对话框，创建新图层，名称：墙体；颜色：默认白色（与绘图窗口背景黑色对比最明显的颜色，书上窗口为白色，图层颜色则默认黑色）；线型：默认为连续线（continous）；线宽：默认 0。当前图层调整为墙体。户型图墙体为宽度 240 的一砖墙，相对定位轴线对称分布，如果用"偏移"（O）指令，将定位轴线向两侧分别偏移生成墙体轮廓线，这样不仅存在修改线型的麻烦，而且还要逐一修剪多余的交叉线段。手工绘图一笔划只能绘制一条直线，CAD 可以一笔划绘制多条平行直线，即多线指令 MLine，快捷键 ML，多线在 CAD 设计师眼里不是常用命令，所以绘图工具栏没有默认多线图标。命令行：ML，回车，人机对话如下：

MLine

当前设置：对正 = 上，比例 =20.00，样式 =STANDARD

（告知多线三个选项的当前设置。多线默认样式为系统自带的 STANDARD，两条线，其上线和下线相对中间零线距离分别为 0.5 和－ 0.5，默认绘制比例为 20，即目前能够绘制距离为 20mm 的两条平行直线，同时是"上线"对正于定位轴线）

指定起点或 ［对正（J）/ 比例（S）/ 样式（ST）］：J（输入 J，回车，进行对正参数的选择）

输入对正类型 ［上（T）/ 无（Z）/ 下（B）］< 上 >：Z（改为零线对正于定位轴线）

指定起点或 ［对正（J）/ 比例（S）/ 样式（ST）］：S（输入 S，回车，进行比例参数选择）

输入多线比例 <20.00>：240（输入一砖墙宽度 240 后，回车）

指定起点或 ［对正（J）/ 比例（S）/ 样式（ST）］：< 对象捕捉 开 >< 正交 开 >（打开状态栏上正交和对象捕捉，捕捉如图 2-24 所示的定位轴线网交点的第 1 点）

指定下一点：（捕捉如图 2-24 所示的第 2 点）

指定下一点或 ［放弃（U）］：（捕捉如图 2-24 所示的第 3 点，或 U 放弃刚才的点位）

指定下一点或 ［闭合（C）/ 放弃（U）］：（捕捉如图 2-24 所示的第 4 点）

指定下一点或 ［闭合（C）/ 放弃（U）］：（捕捉如图 2-24 所示的第 5 点）

指定下一点或 ［闭合（C）/ 放弃（U）］：（捕捉如图 2-24 所示的第 6 点）

指定下一点或 ［闭合（C）/ 放弃（U）］：（捕捉如图 2-24 所示的第 7 点）

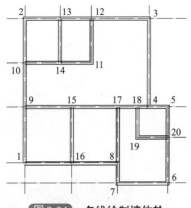

图 2-24 多线绘制墙体轮廓线的路径参考

指定下一点或 ［闭合（C）/ 放弃（U）］：（捕捉如图 2-24 所示的第 8 点）

指定下一点或 ［闭合（C）/ 放弃（U）］：（捕捉如图 2-24 所示的第 1 点。也可以输入 C，直接回到最初的第 1 点，这样角点的图形是直接闭合，无须进行后续的"角点结合"的多线编辑操作，同时退出多线命令，也就没有下一行的命令提示）

指定下一点或 ［闭合（C）/ 放弃（U）］：（如果上一句对话是捕捉第 1 点，则出现此句对话，回车，才可以退出多线命令）

重复执行多线指令，绘制其余墙体，路径如图 2-24 所示，分别为

4-9、10-11-12、13-14、15-16、8-17、18-19-20 等，以上路径仅供参考，也可自选绘制路径（注意一定要捕捉定位轴线的交点，如出现点位的错误捕捉，输入 U，在对话过程中放弃一小步，而不是退出指令对话过程，重新启动多线指令）。

微课 13

绘制户型图的墙体

2.3.2 运用多线编辑（mledit）指令闭合墙体多线

如图 2-24 所示的多线交叉处没有闭合，需要进一步编辑图形。下拉菜单【修改】→【对象】→【多线】，或命令行：mledit，回车，下达"多线编辑"命令，或直接双击多线交叉处，出现对话框，如图 2-25 所示，单击其中的"T 形打开"，确定后，人机对话如下：

命令：_mledit

选择第一条多线：（此时对象选择仅有拾取的方式，拾取交点 9 处的水平方向的多线）

选择第二条多线：（拾取交点 9 处的垂直方向的多线，交点 9 处的多线闭合）

图 2-25 "多线编辑工具"对话框

选择第一条多线 或 [放弃（U）]：（拾取交点 10 处的水平方向的多线，如果不是期望的结果，则放弃（U）刚才的两条多线之间的贯通，重新开始选择两条多线）

选择第二条多线：（拾取交点 10 处的垂直方向多线，交点 10 处的多线闭合）

选择第一条多线 或 [放弃（U）]：（拾取交点 12 处的垂直方向的多线）

选择第二条多线：（拾取交点 12 处的水平方向的多线，交点 12 处的多线闭合）

以此类推，可以连续完成图 2-24 中所有 T 形交叉点处的多线闭合。

特别提醒 T 形交叉的第一条多线和第二条多线的拾取顺序，一定要先选择 T 形的"|"，再选择 T 形的"—"，否则效果大相径庭。T 形的"|""—"取决于原来多线绘制路径。编辑过程中如果拾取顺序错误，可以输入 U 放弃一步，而不是退出命令。

如图 2-24 所示的点 1 处，绘制外圈多线的最后一句不是 C 的闭合选项，则 1 点是 L 形交叉，需要选择如图 2-25 所示的"角点结合"工具，拾取两条多线，即可闭合，L 形交叉的第一条多线和第二条多线可以颠倒选择，不影响修剪结果。"多线编辑工具"对话框其他编辑方式，比如"十字打开"等工具应用，可以用【F1】打开"帮助"对话框进行自学。

2.3.3 运用分解（X）指令分解墙体多线

上一步多线编辑过程中，有部分交叉处无法运用多线编辑工具进行闭合，怎么办？可以把多线 ML 分解为单线 L，然后再运用修剪命令修剪多余的线段。多线是组合对象，如图 2-26 所示，整个外圈墙体多线是一次性连续绘制而成，其对象数量是 1，分解之后，则变为单一对象，其对象数量则是 16。

下拉菜单【修改】→【分解】，或单击"修改"工具栏 图标，或命令行快捷键：X，回车，下达分解命令，人机对话如下：

explode

选择对象：找到 1 个（拾取最外圈多线，整个外圈虚线高亮度显示，如图 2-26 所示）

选择对象：（可以继续选择，如果图形所有多线都需要分解，则用虚框选择方式，框选全部。如不再选择，则回车确认，退出命令）

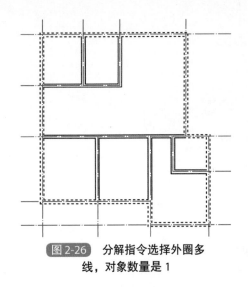

图 2-26　分解指令选择外圈多
线，对象数量是 1

分解命令之后，虽然图形看不出明显的变化，但是对象性质和数量已悄悄改变，可以尝试用删除指令，拾取对象进行比较。有关多线分解之后，单线之间的修剪过程，不再赘述。至此完成图 2-23，即绘制完成户型图的墙体图形，注意文件的保存。

特别提醒　多线和多线交叉，可以直接运用多线编辑工具进行修剪闭合，而单线和单线的交叉，则只能够运用"修剪"（TR）剪除多余线段。如果出现单线和多线的交叉，CAD 低版本（2008 之前的版本）必须将多线分解为单线，然后才能够修剪（TR）多余线段。CAD 高版本的单线对象和多线对象之间可以直接运用 Trim 指令相互修剪多余的线段。

2.3.4　创建多线新样式，为后续绘制四线窗户做准备

多线命令有三个选项，前面初步了解"对正"（J）和"比例"（S），而"样式"（ST）则是默认的 standard。为后续绘制窗户的方便，提前创建一个"四线"的多线样式。下拉菜单【格式】→【多线样式】，或命令行下达 mlstyle（不是常用指令，无快捷键），出现"多线样式设置"对话框，单击【新建】按钮，首先命名为"四线"（或简单的名称 4X），而后单击【继续】按钮，出现新的对话框，如图 2-27 所示。单击【添加】按钮两次，添加两根零线，共四条线，偏移距离为 0.5、0、0、−0.5，分别选择四根线，在偏移栏中分别指定四条线的偏移距离为 120、40、−40、−120，这样便完成了"四线"多线样式设置。

微课 14

多线墙体编辑

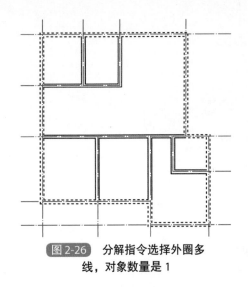

图 2-27　在 standard 两条直线的多线基础上创建包含多条直线的多线

练习绘制一条"四线"多线，命令行下达 ML，对话如下：

MLine

当前设置：对正 = 无，比例 =240.00，样式 =STANDARD

指定起点或 [对正（J）/ 比例（S）/ 样式（ST）]：st（输入 st，进行样式选择）

输入多线样式名或 [?]：四线（回答样式名称，不记得样式名称，输入？查询）

当前设置：对正 = 无，比例 =240.00，样式 = 四线

指定起点或 [对正（J）/ 比例（S）/ 样式（ST）]：s（输入 s，进行比例调整）

输入多线比例 <240.00>：1（将尖括号记忆的 240 比例修改为 1）

当前设置：对正 = 无，比例 =1.00，样式 = 四线

指定起点或 [对正（J）/ 比例（S）/ 样式（ST）]：（捕捉定位轴线第一点）

指定下一点：（捕捉定位轴线第二点）

指定下一点或 [放弃（U）]：（回车，结束多线绘制过程，结果如图 2-28 所示）。

图 2-28 一根包含四条直线的多线

特别提醒 多线指令对话共有三个选项，其中最重要的选项是 ST，究竟绘制两条线还是四条线，这是首先要明确的选项，绘制墙体双线，选择软件自带的 standard 样式，后续绘制四线窗户，则需要提前自定义四线样式。选项 S，即多线的缩放比例，取决于目标图形宽度和多线样式宽度之间的比例，standard 样式宽度为 1，而墙体为一砖墙 240，则比例为 240，如果是半砖墙 120，则比例为 120，以此类推确定比例数值。四线样式设定宽度为 240，窗户宽度 240，所以比例为 1。选项 J，即选择多线中"上线 T"、"无线 Z"、"下线 B"来对正提前绘制好的路径，通常选择零线对正定位轴线的路径绘制双线墙体。有关上线、下线对正，取决于是顺时针和逆时针的绘图顺序，即逆时针绘制上线对正的效果等同于顺时针绘制下线对正的效果，或者说逆时针绘制下线对正的效果等同于顺时针绘制上线对正的效果。

微课 15

创建新的多线样式

2.3.5 项目补充训练

2.3.5.1 绘制项目B户型图的墙体

绘图步骤和指令与本任务相同，在图 2-22 完成的基础上，完成如图 2-29 所示的项目 B 户型图的墙体绘制。多线绘制路径自定义，最后将多线交叉处进行闭合处理。

2.3.5.2 项目测验题

一、选择题

（1）运用多线指令绘制半砖墙，多线样式默认 standard，多线比例是（　　　）。

A. 120　　　　　　　B. 180

C. 240　　　　　　　D. 360

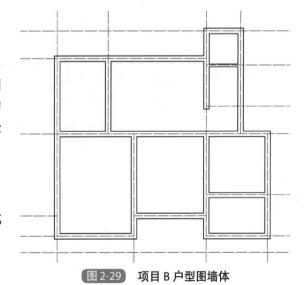

图 2-29 项目 B 户型图墙体

（2）绘制相对定位轴线对称的双线墙体，多线对正 J 应答的子选项是（　　　）。

A. 上线（T）　　　B. 无线（Z）　　　C. 下线（B）　　　D. 以上均可

（3）分解指令 explode 的快捷键是（　　　）。

A. E　　　　　　　B. X　　　　　　　C. EX　　　　　　　D. EXP

（4）CAD 软件系统自带的多线样式 standard，其上线与下线的距离绝对值是（　　）。

A. 0mm　　　　　　B. 0.5mm　　　　　　C. 1mm　　　　　　D. 可以自定义

（5）多线样式设置对话框中添加多线时，通常添加的是（　　）。

A. 上线　　　　　　B. 无线　　　　　　C. 下线　　　　　　D. 可以自选

（6）多线样式设置，新建包含四条直线的多线，其上线与下线距离为 240，调用该样式绘制半砖墙体上四线窗户，其多线比例应该是（　　）。

A. 120　　　　　　B. 240　　　　　　C. 1　　　　　　D. 0.5

二、填空题

多线 ml 指令通常包含三个基本选项是＿＿＿＿＿＿＿＿＿＿。

三、判断题（正确的在括号内打"√"，错误的在括号内打"×"）

（1）多线编辑"角点结合"和"T 形打开"两条多线的选择顺序均可自由拾取。（　　）

（2）无论是多线和多线的交叉，还是多线和单线的交叉，均可以运用多线编辑工具修剪多余的交叉线段。（　　）

2.4　任务 3　绘制户型图门窗

训练内容和教学目标

绘制项目 A 户型图中的门窗（图 2-30），掌握对象追踪（F11）、圆弧 Arc（A）、圆 Circle（C）、内部块 Block（B），外部块 Wblock（W）、块插入 Insert（I）等指令对话要领。

新学指令工具栏图标，如图 2-30 所示。

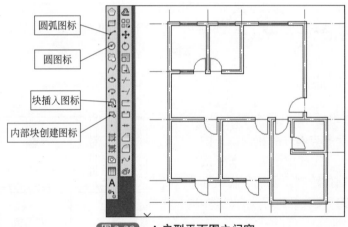

圆弧图标

圆图标

块插入图标

内部块创建图标

图 2-30　A 户型平面图之门窗

2.4.1　借助"自动追踪"辅助功能在墙体上开设门窗洞口

打开任务 2 完成的图形文件，另存为文件名：户型图之门窗。然后下达 LA 命令，进入"图层设置"对话框，创建新图层，名称：门窗；颜色：蓝色；线型：默认为连续线（continous）；线宽：默认 0。当前图层调整为门窗图层。首先在户型图中厨房北侧外墙上开设宽度为 1200 的窗户。窗口放大准备绘图的区域，然后下达直线"L"命令，人机对话如下：

Line 指定第一点：<对象捕捉追踪 开> 750（询问洞口端线的第一点，此时按下对象捕捉和对象追踪，移动光标到最近的轴线和外墙的交点处，出现交点捕捉标志 × 时，不能单击确认，而是移动光标向右，出现追踪虚线和极坐标提示后，再输入750，便明确了直线第一点的点位，该点位离交点为正交向右距离750，如图 2-31 所示）

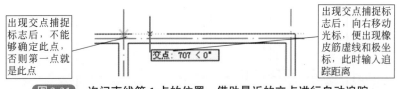

出现交点捕捉标志后，不能够确定此点，否则第一点就是此点

出现交点捕捉标志后，向右移动光标，便出现橡皮筋虚线和极坐标，此时输入追踪距离

交点：707 < 0°

图 2-31 询问直线第 1 点的位置，借助最近的交点进行自动追踪

指定下一点或［放弃（U）］：（继续询问直线的第二点。在对象捕捉设置对话框中勾选"垂足"，再光标向下移动到内侧墙线处，出现"垂足"捕捉标志，单击左键确认该点为第二点，如图 2-32 所示）

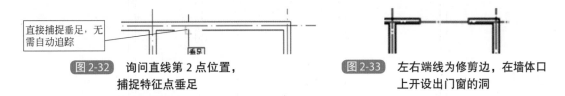

直接捕捉垂足，无需自动追踪

图 2-32 询问直线第 2 点位置，捕捉特征点垂足

图 2-33 左右端线为修剪边，在墙体口上开设出门窗的洞

指定下一点或［放弃（U）］：（直线可连续绘制，询问第三点，回车退出指令对话）

特别提醒　在绘图对话过程中，遇到询问点位的时候，在对象捕捉（F3）和对象追踪（F11）均处于打开的状态下，自动追踪才会发挥作用。操作口诀是"停一停、动一下、输距离！"另外还要注意，对象捕捉和自动追踪的区别，对象捕捉就是找到这个点位，直接左键确定此点就是目标点，而自动追踪仅把停一停找到的点作为"参考点"，还需要相对该基准跳越一定的距离之后才是目标点。如图 2-31 所示第一点，是相对"交点"向右跳越 750 距离之后才确定点位，这是自动追踪的运用，如图 2-32 所示，直线第二点就是直接左键确定目标点为垂足，这是对象捕捉的运用。

目前仅仅完成窗洞口的左端线。重复下达直线指令，由右侧的交点向左追踪 750 得到第一点，向下捕捉垂足得到第二点，完成此窗洞口的右端。当然也可以利用左端线向右偏移（O）1200 生成右端线。有了左右两个端线之后，再下达"修剪"（TR）命令，修剪边为左右端线，修剪对象为上下两个墙体线，至此完成一个窗户的洞口，如图 2-33 所示。

CAD 高版本已经实现单线和多线之间直接运用"Trim"指令修剪多余线段了，即如果出现多线墙体无法修剪的情形，不再是多线必须分解的原因，而是以下两种可能性，一是可能在两个修剪边界中恰好隐藏一段完整的直线（此前不小心绘制了重叠的线段），下达"删除"（E）指令，拾取两个边界之间的这条隐藏线段，删除它，然后再执行修剪指令。二是可能上述绘制的窗口左右端线没有捕捉到位，窗口放大之后，洞口左右端线与墙体轮廓线没有相交（对初学者而言是很容易出现的错误），此时就需要重新绘制洞口的左右端线。

上述仅是一个洞口完整的开设过程，包含端线绘制和墙线修剪两个指令对话。整个户型图门窗洞口较多，为提高绘图效率不建议采用每个洞口分别开设的方案，而是对照图 2-5 的户型图尺寸数字，先完成所有门窗洞口的端线绘制任务，之后下达一次"修剪"（Trim）指令，选择所有对象为剪切边，然后在选择修剪对象之前，输入选项 E，确认隐含边延伸模式为不延伸模式，最后再一一拾取需要修剪的线段（口诀是"哪里不要点哪里"），这样便能快速地完成户型图所有门窗洞口的修剪任务，如图 2-34 所示。

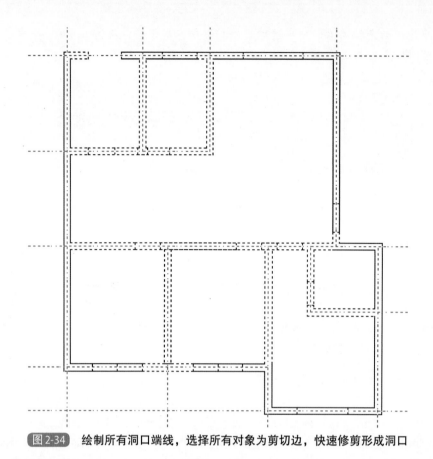

图 2-34 绘制所有洞口端线，选择所有对象为剪切边，快速修剪形成洞口

2.4.2　创建块和插入块，绘制四线窗户

微课 16

在户型图的墙体上
开设门窗洞口

　　绘制四线窗户，推荐三种方案。①一是直线（L）绘制，捕捉洞口上边缘的两个端点，绘制一条直线，然后偏移（O），距离 80，连续 3 次，此方案效率较低。②二是多线（ML）绘制，样式为"四线"（参考 2.3.4 中设置的多线样式），比例"1"，对正选项"Z"，捕捉左右端线与轴线的交点即可，具体绘图结果参考如图 2-28 所示，此方案效率较高。③三是创建块和插入块（块是重复出现的结构相似的图形，块可以反复调用，避免重复绘制相同图形），观察如图 2-5 所示的户型平面图，其中门窗为重复出现的相似图形，可以运用"块"的思维来绘制门窗图形。

　　以四线窗户为例。首先在 0 图层上准备创建块的图形素材，绘制长度为 1000 的一条直线，偏移（O）三次，形成四条平行线即可。其次创建块，块又分"内部块"和"外部块"两种类型（内部块仅限于本图使用，外部块除了本图使用其他图形也可使用）。建议创建四线窗户为外部块（方便其他图形也可使用）。命令行输入 Wblock 或快捷键"W"，回车，出现写块对话框，有三个基本操作，如图 2-35 所示。

　　创建块之后，接下来插入块，命令行输入 Insert 或快捷键"I"，或单击 图标，出现"块插入"对话框，如图 2-36 所示。选择填写相关参数后，拖动块至开设好的窗洞口附近，捕捉块基点的插入点，左键【确定】，如图 2-37 所示。重复块插入指令，完成其余窗户图形，注意不同长度的窗户 X 方向的比例有所不同。

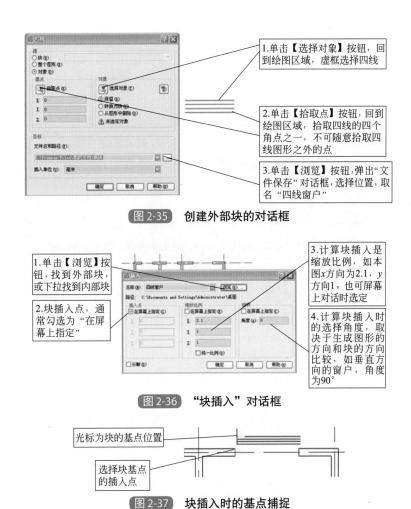

1.单击【选择对象】按钮，回到绘图区域，虚框选择四线

2.单击【拾取点】按钮，回到绘图区域，拾取四线的四个角点之一，不可随意拾取四线图形之外的点

3.单击【浏览】按钮，弹出"文件保存"对话框，选择位置，取名"四线窗户"

图 2-35　创建外部块的对话框

1.单击【浏览】按钮，找到外部块，或下拉找到内部块

2.块插入点，通常勾选为"在屏幕上指定"

3.计算块插入是缩放比例，如本图 x 方向为2.1，y 方向1。也可屏幕上对话时选定

4.计算块插入时的选择角度，取决于生成图形的方向和块的方向比较，如垂直方向的窗户，角度为90°

图 2-36　"块插入"对话框

光标为块的基点位置

选择块基点的插入点

图 2-37　块插入时的基点捕捉

接下来练习内部块对话过程。命令行下达创建内部块指令 Block 或快捷键"B"，或单击 图标，其对话框如图 2-38 所示，内部块创建与外部块创建过程比较相似，同样是"选择对象"、"选择基点"、"块命名"三个基本操作，内部块不需要选择文件保存的位置，内部块就是主图背后隐藏的图形而已。内部块的插入使用过程与外部块插入使用基本相同，仅有一点小差异，如图 2-36 所示，内部块从块名称下拉中可以直接找到，不像外部块那样需要浏

图 2-38　"创建内部块"对话框

览外部的文件夹。一般情况下是创建外部块，特殊情况下创建内部块，即一张图纸上有重复的图形，而该图形其他图纸上基本用不到。如标高、定位轴线编号等常用施工图符号，以及常用家具图形，建议优先创建为外部块，这样便于其他建筑施工图的绘制借用。

特别提醒 块的图形绘制和块的创建最好在 0 图层上进行，这样块插入时其颜色和线型可以随插入的图层而变化。换句话说，CAD 的 0 图层主要就是为创建块而准备的，除了块的创建，其余图形最好不要在 0 图层上绘制和编辑。

微课 17

绘制户型图的窗户

2.4.3 运用圆和圆弧指令绘制四分之一圆弧门

门在平面图的表达方式为 1/4 圆。推荐三种绘制 1/4 圆弧门的方案。

2.4.3.1 绘制圆，再修剪去3/4的圆

以绘制户型图中的进户大门为例，门的平面宽度即圆弧门的半径为 1000。下拉菜单【绘图】→【圆】，或单击工具栏 图标，或命令行：C，回车，人机对话如下：

_Circle 指定圆的圆心或 [三点（3P）/ 两点（2P）/ 相切、相切、半径（T）]：（优先指定圆心，捕捉图 2-39 中的 A 点。或者输入 3P 选项，给定不在同一直线三点确定一个圆，或者输入 2P 选项，相当于给定直径，或输入 T 选项，平面画法几何的圆弧连接中的找切点是手工完成，而这里的切点则是自动计算确定）

指定圆的半径或 [直径（D）]：1000（输入半径数据 1000，或拖放圆，捕捉如图 2-39 所示中的 B 点，即绘制出如图 2-39 所示的一个半径为 1000 的圆）

结束圆命令之后，绘制直线 AB 与 AC，C 点和 B 点捕捉圆的象限点（光标移到状态栏上对象捕捉按钮上右键，弹出"捕捉设置"对话框，勾选象限点，如图 1-14 所示），然后下达修剪指令，以 AB、AC 为边界修剪去 3/4 圆即可（这个方案很显然效率低，不建议优先采用）。

2.4.3.2 直接运用圆弧命令绘制圆弧

以绘制户型图中的起居室门为例，门的平面宽度即圆弧门的半径为 900。下拉菜单【绘图】→【圆弧】，弹出如图 2-40 所示的十个圆弧参数路径。比如已知某一个圆弧通过平面上不在一条直线的三个点，就可以选用三点的方式绘制圆弧。在绘制圆弧之前，应该分析已知条件，选择参数路径。户型平面图中的圆弧门，参数路径可以选择"起点、圆心、角度（T）"，其中角度是圆心连接圆弧起点的这条直线围绕圆心旋转，起点扫掠轨迹为目标圆弧时该直线的旋转角度，注意角度数值逆时针为正，顺时针为负。

图 2-39 绘制圆，修剪去 3/4 圆

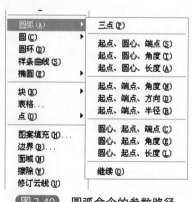

图 2-40 圆弧命令的参数路径

单击工具栏 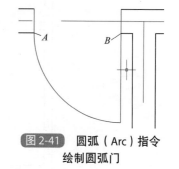 图标，或命令行：A，回车，下达圆弧命令。人机对话如下：

_Arc 指定圆弧的起点或［圆心（C）]:（优先指定起点，或输入 C 指定圆心，这里直接捕捉如图 2-41 所示中的 *A* 点，指定圆弧起点）

指定圆弧的第二个点或［圆心（C）/ 端点（E）]:C（难以指定圆弧第二点，输入 C，回车）

指定圆弧的圆心：（捕捉如图 2-41 所示中的 *B* 点，指定圆弧的圆心）

指定圆弧的端点或［角度（A）/ 弦长（L）]:A（难以指定端点或弦长，输入 A，回车）

指定包含角：90（*BA* 连线围绕圆心 *B* 逆时针旋转 90 度，*A* 点扫掠轨迹为目标圆弧，所以输入角度为 90，回车结束圆弧命令，完成图 2-41 中的圆弧图形）

再绘制直线，连接圆心 *B* 和圆弧的终点，即完成图 2-41 整个起居室的圆弧门门图形。

显然运用圆弧命令绘制户型图中的每一个门，效率也非常低。通过圆弧指令的学习，请体会 CAD 绘图命令的人机对话方式，保持各个选项应答的流畅，这是 CAD 绘图效率的体现。

图 2-41 圆弧（Arc）指令
绘制圆弧门

2.4.3.3 运用块的方式绘制圆弧门

具体块的创建和插入，参考四线窗户的绘制过程。有关圆弧门的块创建需要注意两点，一是为了方便块插入时的比例计算，建议选择图 2-41 的半径为 1000 进户大门的圆弧为创建块的图形（这样便于块插入时计算块的插入比例），比如目标圆弧门的半径为 900 时，*XY* 方向的统一比例为 0.9，圆弧块插入比例，*X* 和 *Y* 方向务必保持一致，否则圆弧就变成一般曲线了，这与四线窗户块的插入有所不同。二是为了方便计算围绕圆心的旋转角度，块的基点最好捕捉圆弧的圆心。

微课 18

绘制户型图的圆弧门

至此完成图 2-30，即户型图之门窗，注意文件的保存。无论选择哪种方式绘制户型图中的门窗，一切以绘图者感觉顺手和绘图过程效率高为原则。

2.4.4 项目补充训练

2.4.4.1 绘制项目B户型图的门窗

绘图步骤和指令等与本任务相同，在图 2-29 完成的基础上，完成图 2-42 项目 B 户型图的门窗。建议尽可能采用多线或者外部块的方式，高效率地完成门窗图形。

2.4.4.2 项目测验题

一、选择题

（1）要定义一个其他图形文件都能够使用的图块的命令是（　　）。

A. Bmake　　　　　B. Block　　　　　C. Wblock　　　　　D. Insert

（2）圆弧 Are 命令中的（S、E、A）指的是哪种画圆弧方式?（　　）

A. 起点、圆心、终点　　　　　　　B. 起点、终点、半径

C. 起点、圆心、圆心角　　　　　　D. 起点、终点、圆心角

二、填空题

（1）绘图过程中需要确定点位的时候，在对象捕捉（F3）和_____同时打开状态下，可以实现点位的自动追踪。

（2）块插入对话框包含插入点、比例和_____三个基本要素。

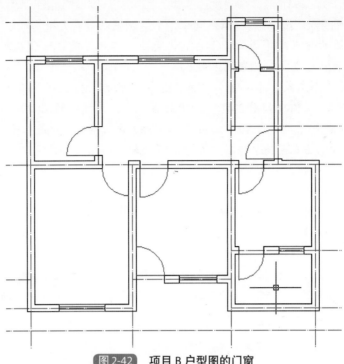

图 2-42 项目 B 户型图的门窗

三、判断题（正确在括号内打"√"，错误在括号内打"×"）

（1）点位自动追踪首先要停一停，找到参照点，其次要动一下，给出追踪的方向，最后输入追踪跨越的距离。（　　）

（2）CAD 低版本单线不能直接修剪多线，需要提前多线分解单线，CAD 高版本已经实现单线和多线之间的直接修剪。（　　）

（3）为了插入块计算缩放比例的方便和准确，通常块的尺度取为 1000mm 之类整数。（　　）

（4）平面图门的表达方式有两种，一是 45°倾斜直线，二是 1/4 圆弧。（　　）

（5）CAD 通常在 0 图层上绘制和创建块图形，然后插入块的时候，块的诸多特性就能够随层而定，比如颜色和线型等。（　　）

2.5　任务 4　绘制户型图阳台

训练内容和教学目标

绘制项目 A 户型图中的阳台（图 2-43），掌握延伸 EXtend(EX)、倒角 CHAmfer（CHA）、倒圆 Fillet（F）、拉伸 Stretch（S）等指令对话要领。

新学指令工具栏图标如图 2-43 所示标注。本任务的图形就是四条直线，虽然任务很简单，但是所贯穿的新学 CAD 指令相对复杂。

2.5.1　多线绘制阳台双线后分解和移动阳台内侧线

打开任务 3 完成的图形文件，另存为文件名：户型图之阳台。然后下达 LA 命令，进入"图层设置"对话框，创建新图层，名称：阳台；颜色：黄色；线型：默认为连续线（continous）；线宽：默认 0。当前图层调整为阳台。

首先下达"多线"（ml）命令，样式 st = standard，比例 s = 240，对正 j = z（无），捕捉如图 2-44 所示中的 1 点、2 点、3 点，即绘制出阳台的双线。阳台为 3/4 砖墙，即双线实

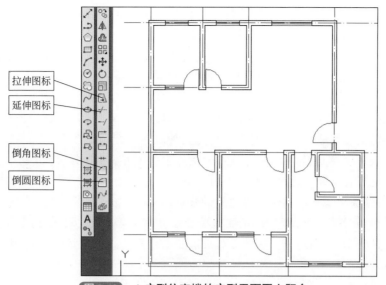

拉伸图标

延伸图标

倒角图标

倒圆图标

图 2-43　A 户型住宅楼的户型平面图之阳台

际宽度为180mm，同时相对定位轴线并不对称，需要将阳台内侧线分别向轴线①和轴线Ⓐ移动靠拢60mm。移动之前，必须将多线对象分解为单线，下达"分解"（X）命令，选择阳台多线图形，回车，阳台图形便由一根多线分解为四条直线。而后下达"移动"（M）命令，分别选择阳台的两根内侧线，向下和向左移动距离60mm。下达"M"指令，对话如下：

　　_move

　　选择对象：找到 1 个（拾取阳台水平的内侧线，内侧线高亮度虚线显示）

　　选择对象：（回车确认不再选择对象）

　　指定基点或位移：指定位移的第二点或＜用第一点作位移＞：＜正交 开＞60（捕捉左端点，或直线上任意一点，F8 打开正交，拖动直线向下，再输入距离 60，回车，即完成直线移动过程。也可以不打开正交，输入"@ 0，-60"，即相对直角坐标方式，或输入"@60<-90"，即相对极坐标方式，同样能够实现被选择的直线正交向下移动 60mm 的目的）

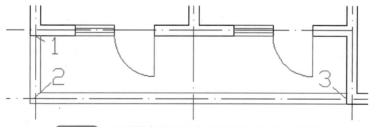

图 2-44　多线指令绘制阳台后分解多线对象为单线

　　重复执行移动指令，移动阳台内侧垂直线向左60mm，即完成如图 2-45 所示的图形。此时阳台两条内侧线不再连接，如何让阳台两条内侧线的缺口补上，即让两条本来没有连接的直线相交，CAD 有多个指令可以实现这个目标，包括延伸、倒角、倒圆、拉伸等指令。

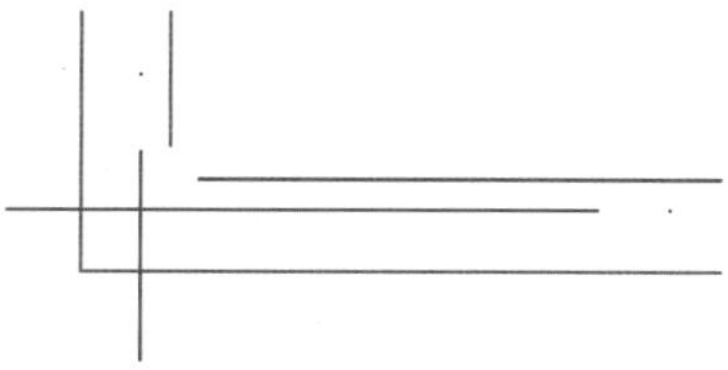

图 2-45　移动阳台两条内侧线
之后形成一个缺口

2.5.2　运用延伸指令补充阳台内侧线的缺口

　　在没有学习新的指令前，补充缺口最简单的方式是绘制两根直线，但是这种操作增加了

2 条直线，即阳台内侧线不是一条整体性质的直线。这里首先学习"修剪"指令对应的"延伸"指令，"修剪"是选择边界剪除对象，"延伸"是选择边界延长对象。以图 2-46 的几条直线为例，学习"延伸"(extend) 指令。下拉菜单【修改】→【延伸】，或单击工具栏 图标，或命令行快捷键：EX，回车，下达延伸命令。人机对话如下：

　　_extend

　　当前设置：投影 =UCS，边 = 无（告知当前参数状态）

　　选择边界的边（提醒下面选择对象，作为延伸边界）

　　选择对象或＜全部选择＞指定对角点：找到 2 个（用虚框选择 A、B 两条直线作为延伸边界的对象，也可直接回车选择图形所有对象）

　　选择对象：（务必回车，确认选择边界的任务结束）

　　选择要延伸的对象，或按住 Shift 键选择要修剪的对象，或［栏选（F）/ 窗交（C）/ 投影（P）/ 边（E）/ 放弃（U）］：（鼠标拾取框落在 C 线段上，并靠近 A 线段，A 边界起作用，C 线段延伸到 A 线段）

　　选择要延伸的对象，或按住 Shift 键选择要修剪的对象，或［栏选（F）/ 窗交（C）/ 投影（P）/ 边（E）/ 放弃（U）］：（鼠标拾取框落在 C 线段上，并靠近 B 线段，B 边界起作用，C 线段延伸到 B 线段）

　　选择要延伸的对象，或按住 Shift 键选择要修剪的对象，或［栏选（F）/ 窗交（C）/ 投影（P）/ 边（E）/ 放弃（U）］：对象未与边相交（鼠标拾取框落在 D 线段上，并靠近 A 线段，提示 D 与 A 不相交，A 边界不起作用，D 线段没有发生变化）

　　选择要延伸的对象，或按住 Shift 键选择要修剪的对象，或［栏选（F）/ 窗交（C）/ 投影（P）/ 边（E）/ 放弃（U）］：E（回复 E 选项，进行延伸边的模式修改，回车后，出现下一行提示）

　　输入隐含边延伸模式［延伸（E）/ 不延伸（N）］＜不延伸＞：E（答复 E，延伸边为延伸模式，也可以答复 N，为不延伸模式，之前为不延伸模式，所以 A 边界不起作用）

　　选择要延伸的对象，或按住 Shift 键选择要修剪的对象，或［栏选（F）/ 窗交（C）/ 投影（P）/ 边（E）/ 放弃（U）］：（鼠标拾取框落在 D 线段上，并靠近 A 线段，D 线段延伸到 A 线段）

　　选择要延伸的对象，或按住 Shift 键选择要修剪的对象，或［栏选（F）/ 窗交（C）/ 投影（P）/ 边（E）/ 放弃（U）］：（鼠标拾取框落在 D 线段上，并靠近 B 线段，D 线段延伸到 B 线段）

　　选择要延伸的对象，或按住 Shift 键选择要修剪的对象，或［栏选（F）/ 窗交（C）/ 投影（P）/ 边（E）/ 放弃（U）］：（回车确认延伸指令的对话结束，退出命令。结果如图 2-47 所示。）

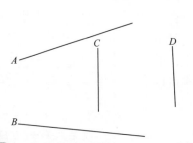

图 2-46　A 和 B 为延伸边界，C 和 D 为延伸对象

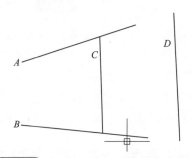

图 2-47　延伸 C 和 D 线段至延伸边界

与"修剪"指令相似,"延伸"命令的对话过程同样有两次选择对象,一是选择作为延伸边界的对象,二是选择要延伸的对象。多个延伸边界的情况下,选择要延伸对象时特别注意拾取框的所处位置,靠近拾取框的边界边起作用。另外边界虽然与被延伸对象不实际相交,但是只要目测延伸后可以相交,此时就可以设定边界为隐含的延伸模式,同样能够实现延伸的目的。在图 2-45 的基础上,下达延伸命令,边界对象选择阳台两条内侧线,输入隐含边模式为延伸(两次应答选项 E),然后选择阳台两条内侧线为延伸对象,这样便完成阳台内侧缺口的补全任务,如图 2-43 所示的本任务目标图形。

特别提醒 自 AutoCAD2005 版本开始,"延伸"和"修剪"命令通过 Shift 键合二为一,即执行延伸命令过程中,在选择要延伸对象的时候,如果按住 Shift 键,则执行"修剪"命令。同样执行"修剪"命令过程中,在选择要修剪对象的时候,如果按住 Shift 键,则执行"延伸"命令,请参考 2.2 任务的"修剪"命令的人机对话过程。

微课 19

绘制户型图的阳台

2.5.3 运用倒角和倒圆命令补充阳台内侧线的缺口

在路桥项目工程中,为了保证车辆的转弯安全,公路的转角处必须采用倒角或倒圆方案。如图 2-48 所示,两条相互垂直的公路,其相交处采用倒角过渡,一条公路倒角距离为 5000mm,另一条公路 7000mm;或者采用圆角过渡,圆角半径为 7000mm。从 CAD 绘图的角度,如何绘制倒角或倒圆图形?运用已经学过的命令,倒角图形可以"L+TR"(绘制倾斜直线,然后修剪),倒圆图形,可以"C+TR"(先绘制圆,然后修剪),这些都是效率低的指令组合。事实上,CAD 有直接的"倒角"(CHAmfer)、"倒圆"(Fillet)指令。

下拉菜单【修改】→【倒角】,或单击工具栏◻图标,或命令行快捷键:CHA,回车,下达"倒角"命令,人机对话如下:

CHAmfer

("修剪"模式)当前倒角距离 1=0,距离 2=0(默认倒角为修剪模式,即原有线段不保留,直接切出倒角,而不是只生成一个倒角线。同时告知当前两个倒角距离均为 0)

选择第一条直线或 [放弃(U)/ 多段线(P)/ 距离(D)/ 角度(A)/ 修剪(T)/ 方式(E)/ 多个(M)]: D(输入选项 D,回车,出现下面的距离设定对话)

指定第一个倒角距离 <0>: 5000(输入第一倒角距离为 5000,回车)

指定第二个倒角距离 <5000>: 7000(输入第二倒角距离为 7000,回车,或者直接回车,默认第二倒角距离等于第一倒角距离 5000,相当于倒角 45°)

选择第一条直线或 [放弃(U)/ 多段线(P)/ 距离(D)/ 角度(A)/ 修剪(T)/ 方式(E)/ 多个(M)]:(拾取图 2-48 垂直方向的公路线。第一条直线和第二条直线顺序不可颠倒,要与倒角距离的设定相对应。如果设定第一倒角距离为 7000,则必须先拾取水平方向的公路线。只有两个倒角距离相等情况,即倒 45°的角,两条直线可随意拾取,不影响结果)

选择第二条直线,或按住 Shift 键选择直线以应用角点或 [距离(D)/ 角度(A)/ 方法(M)]:(拾取图 2-48 水平方向的公路线,即可完成如图 2-48 所示的两条公路的倒角图形,并退出命令。其余选项自行尝试)

实际工程图形还有如图 2-49 所示的"距离+角度"倒角方案。当然可以根据距离和角度,计算出第二倒角距离,即三角函数可以计算出近似的结果,然后人机对话的途径与上述完全相同。倒角命令中设有"距离+角度"参数途径,人机对话如下:

_CHAmfer

（"修剪"模式）当前倒角距离 1=5000，距离 2=7000（告知最近的倒角参数设置，即上述倒角的"距离 1 和距离 2"的记忆值）

选择第一条直线或［放弃（U）/多段线（P）/距离（D）/角度（A）/修剪（T）/方式（E）/多个（M）]：A（输入 A，回车，进入下面"距离＋角度"的对话）

指定第一条直线的倒角长度 <5000>：（恰好最近倒角的第一距离为 5000，直接回车默认，否则需要键盘重新输入新的数据）

指定第一条直线的倒角角度 <0>：60（输入倒角的角度为 60，回车）

选择第一条直线或［放弃（U）/多段线（P）/距离（D）/角度（A）/修剪（T）/方式（E）/多个（M）]：（拾取图 2-49 垂直方向的公路线。第一条直线和第二条直线顺序不可颠倒）

选择第二条直线，或按住 Shift 键选择直线以应用角点或［距离（D）/角度（A）/方法（M）]：（拾取水平方向的公路线，即完成如图 2-49 两条公路的倒角图形，并退出命令）

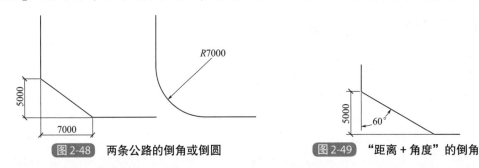

图 2-48　两条公路的倒角或倒圆　　　　图 2-49　"距离＋角度"的倒角

接下来练习倒圆角的指令对话。下拉菜单【修改】→【倒圆】，或单击工具栏 ◻ 图标，或命令行快捷键：F，回车，下达倒圆命令。人机对话如下：

_Fillet

当前设置：模式 = 修剪，半径 =0（告知当前倒圆的参数设置）

选择第一个对象或［放弃（U）/多段线（P）/半径（R）/修剪（T）/多个（M）]：R（输入 R，回车，进入下面对话）

指定圆角半径 <0>：7000（输入倒圆半径为 7000，回车）

选择第一个对象或［多段线（P）/半径（R）/修剪（T）/多个（U）]：（拾取第一条直线，垂直和水平方向均可，倒圆的第一条和第二条直线顺序可以颠倒，不影响最终效果）

选择第二个对象，或按住 Shift 键选择对象以应用角点或［半径（R）]：（拾取第二条直线，即完成如图 2-48 所示的公路倒圆图形，并直接退出命令）

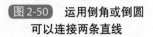

图 2-50　运用倒角或倒圆可以连接两条直线

如图 2-50 所示的两条没有相交直线，下面利用倒角和倒圆指令，使这两条直线相交连接。注意设定倒角距离 1 和距离 2 为 0，或倒圆的半径设定为 0。当倒角距离和倒圆半径为 0 的时候，倒角和倒圆可以起到"连接"的作用。请学生自行运用倒角或倒圆指令，重新补充图 2-45 所示的阳台两条内侧线的缺口，即让两条未相交的直线连接起来。

特别提醒　倒角距离是从两条直线延伸的交点计算，如果设定倒角距离超过被倒角直线自交点计算的长度，则设定倒角距离无效。同样倒圆半径也不可以超过两条直线自交点计算的短边距离，否则设定的倒圆半径无效。

2.5.4 运用拉伸指令补充阳台内侧线的缺口

如图 2-51 所示的矩形尺寸为 5000×7000，如何将矩形尺寸改为 5000×10000。运用已经学过的 CAD 编辑指令，修改方案是：（1）Explode 分解矩形；（2）Move 移动矩形底边，正交方向向下距离为 3000；（3）Extend 以底边为边界，对两个侧边进行延伸。三个编辑命令，图形虽然修改到位，但是尺寸标注还需要重新进行（尺寸标注有待 2.8 项目任务 7 的学习）。事实上，可以运用拉伸（Stretch）命令，一步到位解决问题。

两条未相交直线的连接 1

图 2-51　有待修改的矩形

图 2-52　拉伸选择对象的虚框

图 2-53　拉伸后的矩形

下拉菜单【修改】→【拉伸】，或单击工具栏 图标，或命令行快捷键：S，回车，下达拉伸命令。人机对话如下：

_Stretch

以交叉窗口或交叉多边形选择要拉伸的对象（提示对象选择方式一定要按照如图 2-52 所示的虚框方式进行）

选择对象：指定对角点：找到 2 个（鼠标在将要被选择的对象的右下方单击，然后向左上方拖动，出现选择虚框，此虚框必须完全包围需要移动的底边，部分包围两条需要变长的侧边和侧边的尺寸标注，矩形的上边必须在虚框之外。此时提示找到 2 个对象，整个矩形目前没有分解，被虚框碰及，算是被找到 1 个，侧边的尺寸标注是第 2 个对象。如果矩形被提前分解，上述虚框选择后，提示找到对象的数目则是 4，即 3 个边和 1 个尺寸，拉伸命令无需提前分解矩形，尽管分解后同样可以拉伸。尺寸标注不能分解，否则尺寸将不会随图形自动更新）

选择对象：（回车，确认选择对象过程的结束）

指定基点或［位移（D）］＜位移＞：（此图虽可以捕捉图形中任意一点，但是建议最好捕捉底边的特征点，如端点或中心点等）

指定第二个点或＜使用第一个点作为位移＞：3000（在正交打开的状态下，拖动鼠标向下，然后键盘输入距离 3000，回车，即完成拉伸任务，并退出命令。两条侧边变长为 10000，尺寸标注也自动变化，如图 2-53 所示）

拉伸指令的要点就是对象选择的虚框方式。虚框将整个图形对象分为三类：一类是被虚框完全包围的对象；二类被虚框碰到，即部分包围的对象（部分在虚框内，部分在虚框外）；三类完全在虚框之外的对象。拉伸时，第一类为移动效果，第二类为"拉不断的橡皮筋"效果，第三类为固定不动的效果。假设拉伸时，虚框将孤岛图形全部包围，则 Stretch=Move，自行尝试一下，虚框将图 2-51 所示的矩形和尺寸全部包围后的拉伸效果。

如图 2-54 所示，某房间平面示意图，其中圆弧门的位置目前偏左侧，需要向右调整，如何高效率地修改图形？下达拉伸指令，虚框要将圆弧门（包括缺口在内）全部包围，与圆弧门连接的左右墙线被部分包围，其他图形在选择框之外，正交打开，然后拖动对象向右到适当位置释放，即可一步到位地修改图形。

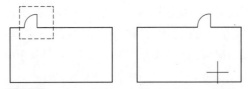

图 2-54　拉伸可以连同圆弧门和缺口一起移动

请自行练习，如何拉伸一条直线使其变长或变短，并运用拉伸命令补充阳台内侧线的缺口。请自行练习，运用本任务所学的 CAD 指令，使图 2-50 中两条未相交的直线向前延伸汇交，即无论采用延伸、还是倒角、倒圆，或者拉伸的方法，均可以实现本任务阳台两条内侧线的缺口补全目标。至此完成图 2-43，注意文件的保存。

微课 21

两条未相交直线的连接 2

2.5.5　项目补充训练

2.5.5.1　绘制项目B户型图的阳台

绘图步骤和指令与本任务相同，在图 2-42 完成的基础上，完成图 2-55 的项目 B 户型图的阳台，绘图尺寸对照图 2-10 的项目 B 户型平面图。特别提醒该阳台倒角的参数设定，选项为 A，即采用"距离+角度"的方案，倒角角度为 30°，另外该阳台墙体宽度为 120 半砖墙。

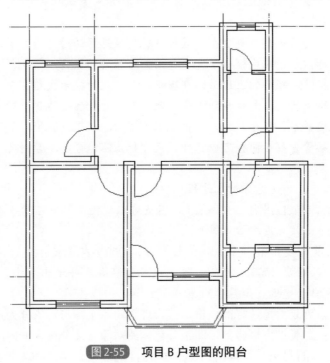

图 2-55　项目 B 户型图的阳台

2.5.5.2　项目测验题

一、选择题

（1）正交向下移动对象 100mm，选择对象之后，给定距离的方式可以是（　　）。（多选题）

　　A. 正交打开，向下拖动对象，输入 100　　　　　　B. 输入 0，-100

C. 输入 @0，-100   D. 输入 @100<-90

（2）使得两条不平行直线段向前延伸精确相交，可使用（　　　　）命令。（多选题）

A. 延伸 EX   B. 倒角 CHA   C. 倒圆 F   D. 修剪 TR

二、填空题

（1）多线 ST 选项选择多线样式时，键入_____可以查询目前图形所包含的多线样式。

（2）延伸指令在选择要延伸对象的时候按 Shift 键，此时延伸指令等同于_____指令。

（3）已知两条直线的倒角距离，倒角指令设定倒角距离的选项字母是_____。

（4）已知一条直线相对另外一条直线倒角距离和角度，倒角指令选项字母是_____。

（5）拉伸 Stretch 命令时，将孤岛对象完全选中，则该操作与执行_____命令相同。

三、判断题（正确在括号内打"√"，错误在括号内打"×"）

（1）倒角距离设定为 0，倒圆半径设为 0，可让两条不平行的两条直线延伸相交。（　　　）

（2）拉伸 Stretch 指令选择对象的方式必须是虚框方式，这样能够将图形对象分成三类，一是完全包围的对象，二是部分碰及的对象，三是没有被选择的虚框之外对象。（　　　）

2.6　任务 5　户型图墙体轮廓线加粗

训练内容和教学目标

对项目 A 户型图中的墙体轮廓线进行加粗（图 2-56），掌握多段线 PLine（PL）、多段线编辑 PEdit（PE）、线宽 LW 等指令对话要领。本任务仅多段线指令在绘图工具栏上有图标，如图 2-56 所示。本任务还要深化学习图层的控制选项，包括图层的关闭/打开、锁定/解锁、冻结/解冻等。

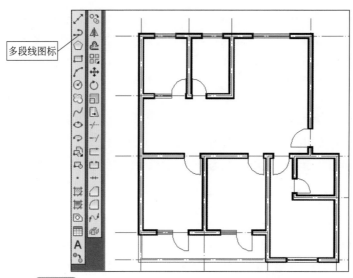

多段线图标

图 2-56　A 户型住宅楼的户型平面图之墙体轮廓线加粗

2.6.1　运用图层（Layer）设置墙体线宽，并显示墙体线宽

打开任务 4 完成的图形文件，另存为文件名：户型图之墙体轮廓线加粗。CAD 绘图和手工绘图只是手段不同，两者均必须遵守正投影原理和国家制图规范。目前绘制完成的户型图，其中墙体图形作为主要轮廓线应该采用粗实线线型，本次训练任务就是加粗墙体轮廓

线，首先可以通过图层来设置墙体轮廓线的线宽。此前学习的图层设置，包括图层命名、线型、颜色等。"图层设置"对话框中，还有"线宽"参数设置，以及图层的"打开/关闭、解冻/冻结、解锁/锁定、打印/不打印"等图层控制选项，如图2-57所示。

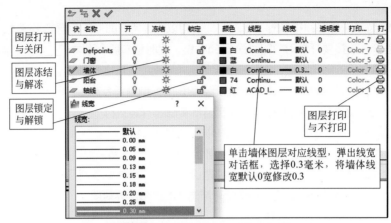

图层打开与关闭
图层冻结与解冻
图层锁定与解锁

图层打印与不打印

单击墙体图层对应线型，弹出线宽对话框，选择0.3毫米，将墙体线宽默认0宽修改0.3

图 2-57   图层控制选项及线宽设置

有关图层控制选项的含义如下。

① 打开/关闭：关闭某图层，其图层对象处于不可见状态，也就不可选择和用于对象捕捉等，但是图形参与运算，如图形的重生成等。当前图层可以关闭，关闭当前图层有警告提醒，在关闭的当前图层上可以绘制图形，但是图形不可见，初学者容易犯此类错误。

② 解冻/冻结：冻结某图层，其图层对象处于不可见状态，不可选择等，与关闭的区别在于，冻结的图层不参与图形计算，不占有内存资源，尤其大型图形应该尽可能冻结一些暂时不需要的图层，提高电脑计算速度。很显然当前图层为运行图层，无法冻结当前图层。

③ 解锁/锁定：锁定某图层，该图层的对象处于可见状态，该图层的对象不可选择，不能对该图层已有的图形对象进行修改编辑，但是该图层依然可以绘制新的图形，已有的图形对象的特征点依然可以用于"对象捕捉"等。

④ 打印/不打印：打印表示该图层对象可以打印输出。不打印即该图层图形对象不参与打印输出。

如图2-57所示，重新设置墙体图层的线宽。然后按下位于绘图窗口下方状态栏的"显示/隐藏线宽"开关按钮，此时整个图形的线宽处于显示或关闭状态，显示状态下，墙体图层对象均显示为加粗状态，反之隐藏状态下，墙体为细实线状态。

2.6.2　运用多段线指令绘制具有线宽的墙体轮廓线

此前所学直线（Line）指令和多线（MLine）指令所绘制的线段，默认宽度为零。CAD还提供一个绘制线段的命令，即多段线（PLine），从工具栏的图标也可以看出多段线基本功能，即直线和圆弧可以一笔绘制，另外多段线还可以在绘图过程中设置调整线段的宽度。

下拉菜单【绘图】→【多段线】，或单击工具栏 ⤵ 图标，或命令行：PL，回车，下达"多段线"命令。人机对话如下：

_PLine

指定起点：（此时鼠标在屏幕上单击确定一点）

当前线宽为 0（提示目前线宽为0）

指定下一个点或 ［圆弧（A）/半宽（H）/长度（L）/放弃（U）/宽度（W）］：（鼠标

单击屏幕上另外一个位置，默认绘制一条没有宽度的直线，即 pl 默认优先绘制直线图形）

指定下一点或 [圆弧（A）/闭合（C）/半宽（H）/长度（L）/放弃（U）/宽度（W）]：A（输入 A，回车，进入绘制圆弧的对话）

指定圆弧的端点或 [角度（A）/圆心（CE）/闭合（CL）/方向（D）/半宽（H）/直线（L）/半径（R）/第二个点（S）/放弃（U）/宽度（W）]：（此时鼠标拖动圆弧，在屏幕相应位置单击，即绘制一段圆弧，目前圆弧宽度为零）

指定圆弧的端点或 [角度（A）/圆心（CE）/闭合（CL）/方向（D）/半宽（H）/直线（L）/半径（R）/第二个点（S）/放弃（U）/宽度（W）]：W（输入 w，回车，进入宽度设置的对话）

指定起点宽度 <0>：200（键盘输入 200，回车，给定起点宽度为 200）

指定端点宽度 <200>：0（键盘输入 0，回车，给定末端宽度为 0，也可以直接回车，那么末端宽度等于起点宽度，即绘制等线宽的圆弧图形）

指定圆弧的端点或 [角度（A）/圆心（CE）/闭合（CL）/方向（D）/半宽（H）/直线（L）/半径（R）/第二个点（S）/放弃（U）/宽度（W）]：（前面绘制圆弧，这里依然绘制圆弧，此时鼠标拖动圆弧，在屏幕相应位置单击，即绘制一段"起点有宽度，末端为零"类似镰刀的圆弧）

指定圆弧的端点或 [角度（A）/圆心（CE）/闭合（CL）/方向（D）/半宽（H）/直线（L）/半径（R）/第二个点（S）/放弃（U）/宽度（W）]：L（输入 L，回车，进入绘制直线状态）

指定下一点或 [圆弧（A）/闭合（C）/半宽（H）/长度（L）/放弃（U）/宽度（W）]：W（输入 W，回车，进入宽度设置的对话）

指定起点宽度 <0>：200（键盘输入 200，回车，给定起点宽度为 200）

指定端点宽度 <200>：0（键盘输入 0，回车，给定末端宽度为 0，也可以直接回车，那么末端宽度等于起点宽度，即绘制等线宽的粗直线图形）

指定下一点或 [圆弧（A）/闭合（C）/半宽（H）/长度（L）/放弃（U）/宽度（W）]：（此时鼠标拖动直线，在屏幕相应位置单击，即绘制一段"起点有宽度，末端为零"的箭头图形）

指定下一点或 [圆弧（A）/闭合（C）/半宽（H）/长度（L）/放弃（U）/宽度（W）]：（可以继续绘制直线图形，这里回车，退出 pl 命令，最终得到如图 2-58 所示图形）

如图 2-58 所示的多段线，可以用"删除"指令检验对象的数目为"1"，即 PL 指令一次对话，无论绘制多少直线和圆弧，它们都是有机的整体，这一点与"多线"（ML）相似。将图 2-58 多段线进行"分解"（X），首先观察线段宽度是否变化？然后用"删除"指令检验对象数目是多少？结论是：多段线分解之后，原先宽度定义失效，所有线段宽度变为 0，同时直线和圆弧"分家"，如图 2-58 多段线被分解之后，对象数目为 4，分别是没有宽度的两条直线和两条圆弧。

图 2-58　PL 可以直线圆弧一笔绘制，并可设置线宽

一开始就可以直接运用"多段线"（PL）绘制具有一定线宽的墙体轮廓线。本书为什么没有直接采用"PL"绘制墙体，原因是一条一条地绘制墙体轮廓线效率低，运用"多线"（ML）绘制施工图中的墙体双线图形是优先方案，绘制局部的零星的墙体轮廓线时则可以直接运用"多段线"指令绘制。

微课 22

户型图墙体
轮廓线的加粗 1

2.6.3　运用多段线编辑指令修改墙线为具有线宽的多段线

"PL"是绘图命令，与之对应的编辑指令是"多段线编辑"（PEdit），快捷键 PE。该指令有三个主要编辑功能：一是能够将直线或圆弧等单线性质的图形转化为多段线；二是能够修改多段线的宽度；三是能够合并多段线，或把与多段线相连的单线合并为一条多段线。在图 2-43 的基础上，关闭除"墙体"之外的所有图层，然后下达"分解"（X）命令，选择所有墙体图形，确保原先多线绘制的墙体图形分解为单线图形，如图 2-59 所示。

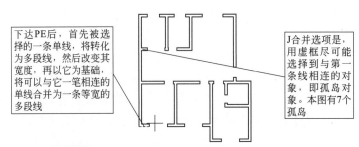

下达PE后，首先被选择的一条单线，将转化为多段线，然后改变其宽度，再以它为基础，将可以与它一笔相连的单线合并为一条等宽的多段线

J合并选项是，用虚框尽可能选择到与第一条线相连的对象，即孤岛对象。本图有7个孤岛

图 2-59　仅显示墙体图层，并分解多线为单线对象

接下来多段线编辑，下拉菜单【修改】→【对象】→【多段线】，或命令行快捷键：PE，回车，下达多段线编辑命令，人机对话如下：

命令：PE

PEdit 选择多段线或［多条（M）]：（拾取如图 2-59 所示的第一条线，高亮度虚线显示）

选定的对象不是多段线（提示刚才选择的不是多段线）

是否将其转换为多段线？<Y>（输入 y，此处可直接回车，答复将刚才选择的对象转化为多段线，宽度依然为 0，图形表面看不出变化）

输入选项［闭合（C）/合并（J）/宽度（W）/编辑顶点（E）/拟合（F）/样条曲线（S）/非曲线化（D）/线型生成（L）/反转（R）/放弃（U)]：W（输入 w，回车，进入宽度设置对话）

指定所有线段的新宽度：50（输入 50，回车，图面上看出第一条线宽变粗为 50，注意这里 50 不是毫米为单位，而是 CAD 线宽显示单位）

输入选项［闭合（C）/合并（J）/宽度（W）/编辑顶点（E）/拟合（F）/样条曲线（S）/非曲线化（D）/线型生成（L）/反转（R）/放弃（U)]：j（输入 j，回车，进入合并设置对话）

选择对象：指定对角点：找到 41 个（虚框尽可能选择第一条线所在的孤岛对象，参考图 2-59 的注释文字内容）

选择对象：（回车，结束对象选择过程）

15 条线段已添加到多段线（提示刚才所选择的对象之中，有 15 条线段与第一条多段线合并，图形变化可以看出该孤岛的墙体全部加粗）

输入选项［闭合（C）/打开（O）/合并（J）/宽度（W）/拟合（F）/样条曲线（S）/非曲线化（D）/线型生成（L）/反转（R）/放弃（U)]：（直接回车，退出本次操作，结果如图 2-60 所示）

重复上述 PE 指令对话 6 次，可以将如图 2-60 所示的另外 6 个孤岛墙体轮廓线加粗。PE 指令也可以一次性框选所有图形对象，同时一次性完成所有墙体轮廓线加粗，人机对话如下：

命令：PE

PEdit 选择多段线或 [多条（M）]：M（输入选项 M，后续可以直接选择多个对象）

选择对象：指定对角点：找到 95 个（虚框框选所有墙体图形，共找到 95 条直线）

选择对象：（回车，确认对象选择结果）

是否将直线和圆弧转换为多段线？[是（Y）/否（N）]？<Y>（刚刚选择的 95 直线不是多段线，直接回车，默认选项 Y，95 条直线变成 95 条 PL，目前没有宽度，看不出变化）

输入选项 [闭合（C）/打开（O）/合并（J）/宽度（W）/拟合（F）/样条曲线（S）/非曲线化（D）/线型生成（L）/反转（R）/放弃（U）]：W（输入选项 W，下面可以设定线宽）

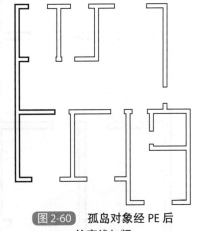

图 2-60　孤岛对象经 PE 后轮廓线加粗

指定所有线段的新宽度：50（输入线宽单位，此时可以看到 95 条 PL 的线宽，但是线段的连接不光滑，因为它是 95 条独立的 PL，而不是一条 PL）

输入选项 [闭合（C）/合并（J）/宽度（W）/编辑顶点（E）/拟合（F）/样条曲线（S）/非曲线化（D）/线型生成（L）/反转（R）/放弃（U）]：J（输入 J 选项，进入合并的对话）

合并类型 = 延伸（软件提醒当前合并类型）

输入模糊距离或 [合并类型（J）]<0>：（直接回车，默认模糊距离为 0）

88 条多段线已增加 7 条线段（共 95 条多段线，简化为 7 条多段线，也就是 88 条多段线被合并了）

输入选项 [闭合（C）/打开（O）/合并（J）/宽度（W）/拟合（F）/样条曲线（S）/非曲线化（D）/线型生成（L）/反转（R）/放弃（U）]：（回车，结束该指令）

上述对话结束之后，打开所有关闭的图层，至此完成图 2-56，即户型图所有墙体轮廓线符合国家制图规范均变成粗实线的线型，注意文件的保存。

微课 23

户型图墙体
轮廓线的加粗 2

特别提醒　目前已经学习三个可以绘制直线的指令：直线（L）、多线（ML）、多段线（PL），这三个指令绘制直线的图形看似相同，但是对象性质不同，多线和多段线都可以分解（X）为直线（单线）。多线（ML）绘制的墙体必须分解（X）为单线（L），之后才能够通过多段线编辑（PE）转化为 PL。PE 指令可以将圆弧（A）和单线（L）性质的图形转换为 PL，但是 PE 不可以将一个完整的圆转换为 PL。

2.6.4　项目补充训练

2.6.4.1　加粗项目 B 户型图的墙体轮廓线

绘图步骤和指令与本任务相同，在图 2-55 完成的基础上，完成图 2-61 的项目 B 墙体轮廓线加粗。注意关闭不相关图层，PE 指令一次性选择全部线段，定义线宽之后，通过合并选项 J，输入模糊距离为 0，即可快速完成墙体轮廓线的加粗。

2.6.4.2　搜索有关"一笔画"定理

在 PE 指令的合并选项 J 的过程中，如果软件提示："0 线段添加"，这其中包含"一笔画"

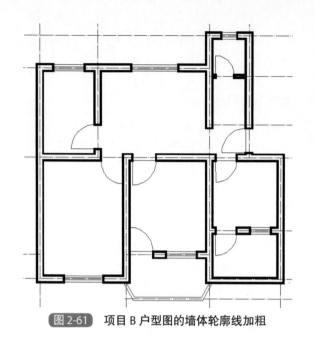

图 2-61 项目 B 户型图的墙体轮廓线加粗

定理。[即最多不超过 2 个奇点（经过该点的线段数量为奇数的点）的图形才可以一笔画]。多条线段不能够合并的原因有三：一是本身图形是 ML 性质，PE 不能够将 ML 直接转换为 PL，必须先将 ML 分解为 L 之后，才能够 PE 编辑；二是看似首尾相连的线段之中隐藏重叠的线段，导致不能够一笔画；三是看似连贯的线段，其实隐藏小缺口，图形局部放大后就会发现缺口的存在（这是初学者易犯的小错误），有缺口的图形怎么可以一笔画呢？运用一笔画原理，判断图 2-62 的四个图形是否可以一笔画？并运用 CAD 的 PE 指令中合并选项 J，检验判断的准确性。

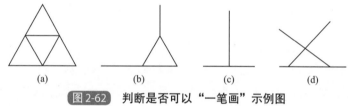

(a)   (b)   (c)   (d)

图 2-62 判断是否可以"一笔画"示例图

2.6.4.3 项目测验题

一、选择题

（1）某图层实体不能编辑或删除，但可见，能捕捉特殊点和标注尺寸，这图层是（　　　）。

A. 锁定的　　　　　　　B. 冻结的　　　　　　　C. 打开的　　　　　　　D. 解锁的

（2）PLine 设置起始宽度 0.5，终止宽度 2，然后连续绘制，则第二段直线宽度应为（　　　）。

A. 起始宽度为 0.5，终止宽度为 0.5

B. 起始宽度为 0.5，终止宽度为 2

C. 起始宽度为 2，终止宽度为 0.5

D. 起始宽度为 2，终止宽度为 2

（3）Pedit 指令包含编辑功能有（　　　）。（多选题）

A. 能将直线（L）或圆弧（A）转换为多段线（PL）

B. 能将圆（C）转换为多段线（PL）

C. 重新设置多段线的线宽

D. 几条多段线或者直线合并转换为一条多段线

二、判断题（正确在括号内打"√"，错误在括号内打"×"）

（1）图层的关闭和冻结，均具有图形不可见的特性，当前图层不能关闭或冻结。（　　　）

（2）某平面图有多个孤岛图形，每个孤岛必须分次执行 Pedit 指令转换为多段线。（　　　）

（3）Pedit 指令的合并选项 J，不能够一次性合并有 3 个或 3 个以上奇点的相连线段。（　　　）

2.7　任务 6　户型图文字标注

训练内容和教学目标

项目 A 户型图的文字标注，包括标高符号和定位轴线编号的标注准备（图 2-63）。掌握文字样式（ST）、单行文字（DT）、多行文字（MT）、文字编辑（ED）、复制（CO）、多边形（POL）、旋转（RO）、表格（table）等指令对话要领。

本任务涉及文字标注多个指令，可以调出"文字工具栏"，其余新学指令工具栏图标，如图 2-63 所示。

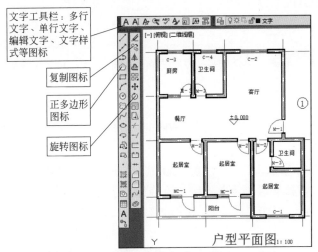

图 2-63　A 户型住宅楼的户型平面图之文字标注

2.7.1　文字样式设定和单行文字标注房间名称

打开上一个项目任务完成的图形文件，另存为文件名：户型图之文字标注。然后下达 LA 命令，进入"图层设置"对话框，创建新图层，名称：文字；颜色：紫色；线型：默认为连续线（continous）；线宽：默认 0。当前图层调整为文字图层。

在文字标注之前，首先要创建文字样式。下拉菜单【格式】→【文字样式】，或单击"文字样式"工具栏，或命令行快捷键：ST，回车，出现"文字样式"对话框，如图 2-64 所示。首先务必单击【新建】按钮，出现新建文字样式的命名对话框，取名为"汉字"，然后去除"使用大字体"的勾选，下拉菜单中选择字体为"宋体"。其余选项建议默认，如文字高度默认为"0"等，并将新建的汉字样式"置为当前"。

特别提醒　不可对 standard 文字样式有任何修改。字体选择时，务必小心，不要误选"@ 宋体"（该样式默认文字方向旋转 270°）。文字高度默认为"0"是自由高度的意思，可以在文字输入过程中，根据需要，自由指定文字高度，如果样式指定一个高度，该样式就不能够随应用场合的变化而调整文字高度，这样反而限制了该样式的使用。

文字样式设置好，下面开始输入户型图中各房间名称。下拉菜单【绘图】→【文字】→【单行文字】，或单击【单行文字】工具栏，或命令行快捷键：DT，回车，人机对话如下：

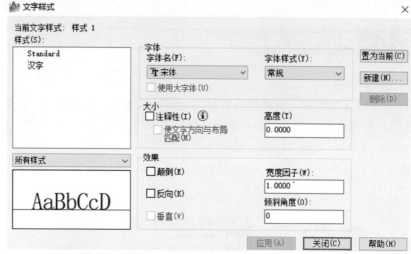

图 2-64 "文字样式"对话框新建名称"汉字"的文字样式

命令：DT

TEXT

当前文字样式："汉字" 文字高度：2.5000 注释性：否（提醒当前文字样式名称，最近一次的文字高度等）

指定文字的起点或 ［对正（J）/ 样式（S）］：（在需要输入文字的房间空白处，光标左键单击拾取一个位置，该位置默认为即将输入的单行文字的左下角）

指定高度 <2.5000>：350（因为样式字体高度为零，没有指定固定的字体高度，所以这里提醒指定文字高度，尖括号记录最近一次文字的高度，第一次输入文字，文字默认高度为 2.5，很显然 2.5mm 文字高度对户型图来说是明显偏小，建议房间的文字高度为 300～350mm）

指定文字的旋转角度 <0>：（直接回车，默认尖括号中零度，即文字方向为正常方向，特殊情况下可给予旋转角度，如输入 90 或 270，表明文字方向为 90°、270°的垂直方向等）

在确认文字旋转角度之后，接着在绘图窗口输入文字，此时要切换到输入法为汉字输入法，然后输入"卧室"文字内容，窗口光标闪动的位置，就会呈现相应的文字，每输入一个单行文字，光标就移动到另外需要标注文字位置，重新单击确定一个新的文字位置，继续输入"阳台""餐厅""卫生间""起居室""厨房"，具体文字内容如图 2-5 所示。在一个单行文字的对话过程中，一次性完成房间的名称标注。最后一个单行文字输入后，连续回车 2 次，退出单行文字对话。单行文字第一次回车相当于换行，此时还可以接着输入文字，如果不输入文字就再回车一次，便表示结束此次单行文字的对话。

微课 24

户型图的房间
名称标注

2.7.2 多重复制和编辑文字标注门窗编号

房间名称的文字标注之后，进行门窗代号的文字标注，与房间名称标注过程一样，单行文字指令后可以一次性完成户型图的所有门窗代号的标注。事实上可以换一个思路，运用复制（CO）指令，来完成门窗代号的文字标注，这样可以减少文字输入次数，提高绘图效率。复制指令，不仅复制文字内容，关键是复制文字格式的信息。首先单行文字输入一处的门窗代号，如 C-1。然后下拉菜单【修改】→【复制】，或单击"修改"工具栏 图标，或命令行快捷键：CO，回车，人机对话如下：

命令：CO

Copy

选择对象：找到 1 个（拾取刚刚完成的门窗代号 C-1）

选择对象：（回车，确认对象选择结束）

当前设置：复制模式＝多个（AutoCAD2006 版本开始，复制指令默认为多重复制）

指定基点或［位移（D）/ 模式（O）］＜位移＞：＜正交 关＞（光标在 C-1 对象上左键单击，确定一个复制对象的基点，该点将带动被选择的对象，落在新的位置上）

指定第二个点或［阵列（A）］＜使用第一个点作为位移＞：（光标在需要输入门窗代号的位置上左键单击，便复制一个门窗代号）

指定第二个点或［阵列（A）/ 退出（E）/ 放弃（U）］＜退出＞：（同上，多次重复这个过程，可以一次性完成所有的门窗代号的复制）

……（此处省略多次重复性的对话）

指定第二个点或［阵列（A）/ 退出（E）/ 放弃（U）］＜退出＞：（回车，确认复制过程结束，退出命令）

完成门窗代号的复制，需要对照图 2-5 户型图所示的门窗代号，逐一修改下标数字，将 C-1 修改为 C-2、C-3 等。将光标移到需要修改的门窗代号上，左键双击，或者单击文字编辑工具栏，或者命令行下达快捷键：ED，人机对话如下：

命令：ED

DDEDIT

选择注释对象或［放弃（U）］：（左键单击选中修改的门窗代号，直接在屏幕上修改其下标，具体内容对照图 2-5）

选择注释对象或［放弃（U）］：（同上，直至所有门窗代号修改到位）

……（此处省略多次重复性的对话）

选择注释对象或［放弃（U）］：（回车，确认文字编辑过程结束，退出命令）

上述指令组合的思路，可以运用到后续定位轴线编号的标注和标高数字的标注中，只需要准备一个样式规范正确的定位轴线编号和一个标高符号，通过"CO"指令默认的多重复制功能，完成所有定位轴线编号和标高的复制，然后用"ED"指令逐一修改编号数字和标高数字。

2.7.3 多行文字指令标注户型图的图名

房间名称和门窗代号都是单词性质，可以运用"单行文字"（DT）指令完成文字标注。如建筑施工图首页图的设计说明，包含项目设计依据、项目概况、室内外装修等多段文字内容，此时则需要"多行文字"（MT）指令来完成文字标注。下拉菜单【绘图】→【文字】→【多行文字】，或单击"绘图"工具栏 A 图标，或命令行快捷键：MT，回车，人机对话如下：

命令：MT

Mtext 当前文字样式："汉字" 文字高度：300 注释性：否（提醒当前文字样式名称，最近一次的文字高度等）

指定第一角点：（多行文字标注，需要在绘图窗口指定文字输入的矩形区域，光标左键单击拾取一个点，为矩形的左上角角点）

指定对角点或［高度（H）/对正（J）/行距（L）/旋转（R）/样式（S）/宽度（W）/栏（C）］：（向右下方拖动矩形框，光标左键单击拾取一个点，为矩形的右下角的角点，此时出现多行文字的输入对话界面，如图 2-65 所示，可通过下拉菜单，调整文字样式、文字高度，以及文字加粗、下划线等，然后在屏幕区域中直接输入文字，如一段文字超过该区域宽度，则自动换行，没有超过，手动回车换行。当然也可以通过拖动文字输入框上方的拖动按钮，改变矩形区域宽度等。文字输入以后，单击【确定】按钮，便完成多行文字的对话，退出命令）

图 2-65　多行文字输入界面

特别提醒　"多行文字输入"对话框，好比一个小型的 word 文档处理器。但是 CAD 毕竟不是文字处理为主的应用软件，如果遇到比较复杂的大段文字，建议在 word 中录入文字之后，再复制文字，在 CAD 多行文字输入界面中粘贴文字，可大大提高效率。

户型图不涉及大段文字输入，建议图名"户型平面图 1 ：100"采用多行文字输入。图名的文字高度 700mm，比例数字高度为 500mm，如果单行文字输入，则需要分两次输入，一个图名为 2 个对象，而多行文字可以在一次对话过程中调整文字高度，图名的对象个数为 1 个，便于后续图形对象的选择，同时方便添加图名的下划线等。

微课 25

户型图的门窗代号
和图名标注

2.7.4　轴线编号的文字对正，正多边形和旋转指令绘制标高符号

为了减少后续定位轴线编号和标高符号的标注工作量，应该在户型平面图上提前绘制好定位轴线编号和标高符号，如图 2-66 所示。这里需要创建编号图层，当前图层调整为编号图层。定位轴线编号包括绘制圆和文字标注两个内容。首先下达"圆"（C）指令，

图 2-66　定位轴线编号
和标高符号

建议半径为 400mm，即直径为 800mm，大小与户型图配套，将来出图打印比例 1 ：100，打印出来的定位轴线编号圆的实际直径为 8mm，符合国家制图规范。其次下达"单行文字"（DT）指令，输入编号数字，这里涉及文字对正选项的问题，人机对话如下：

命令：DT

Text

当前文字样式："汉字"　文字高度：300.0000　注释性：否

指定文字的起点或［对正（J）/样式（S）］：J（此前直接光标拾取一点，默认是单行文字左下角定位，而定位轴线编号的文字需要严格对正到圆心，所以这里需要输入选项 J）

输入选项［对齐（A）/布满（F）/居中（C）/中间（M）/右对齐（R）/左上（TL）/中上（TC）/右上（TR）/左中（ML）/正中（MC）/右中（MR）/左下（BL）/中下（BC）/右下（BR）］：mc（文字控制点有许多选项，默认 BL 选项，而定位轴线编号的文字控制点应

该选择正中点，即 MC 选项）

指定文字的中间点：（光标移到刚刚绘制的圆的圆心附近，左键单击确定捕捉圆心特征点。需要提前在"对象捕捉设置"对话框中勾选圆心，这样圆心特征点才能够显示出来，保证文字的正中点对正到圆心上）

指定高度 <300.0000>：400（将文字高度由最近的 300mm 调整为 400mm）

指定文字的旋转角度 <0>：（直接回车默认文字旋转角度为零）

完成上述对话，就可以直接在屏幕上输入数字 1，然后回车两次，退出单行文字的指令，这样便完成一个定位轴线编号的符号。

标高符号涉及等腰直角三角形图形绘制和数字标注两部分内容。首先运用正多边形指令来绘制标高符号的准备图形。下拉菜单【绘图】→【正多边形】，或单击"绘图"工具栏 ⬠ 图标，或命令行快捷键：POL，回车，人机对话如下：

命令：POL

POLYGON 输入侧面数 <4>：（直接回车，默认绘制正四边形，即正方形）

指定正多边形的中心点或 ［边（E）］：（光标在屏幕空白处拾取一点，为正多边形中心点）

输入选项 ［内接于圆（I）/外切于圆（C）］<I>：（直接回车，为尖括号 I 选项，即内接于圆的选项，也就是通过指定正多边形的外接圆半径，来绘制正多边形）

指定圆的半径：400（输入外接圆的半径，一个正方形图形绘制完成，同时结束命令。建议输入 400mm，这样标高符号与户型图相配，同时将来打印出图符合制图规范）

接下来运用旋转指令，将绘制好的正方形旋转 45°。下拉菜单【修改】→【旋转】，或单击修改工具栏 ⟳ 图标，或命令行快捷键：RO，回车，人机对话如下：

命令：_Rotate

UCS 当前的正角方向：ANGDIR= 逆时针　ANGBASE=0

选择对象：指定对角点：找到 1 个（拾取正方形图形，提示选择对象数目为 1 个）

选择对象：（回车确认对象选择过程的结束）

指定基点：（光标捕捉正方形的一个角点，该点为正方形旋转的基点）

指定旋转角度，或 ［复制（C）/参照（R）］<0>：45（输入 45，指定旋转角度为 45°，正方形围绕基点旋转 45°，同时退出旋转指令对话过程）

接下来绘制一条直线，该直线为正方形对角线的引出线，长度为正方形对角线长度的 2 倍，即 1400mm。然后下达"修剪"（TR）指令，选择该直线为修剪边界，将直线以上的正方形修剪掉，这样便完成标高等腰直角三角形图形的绘制。接下来单行文字（DT）输入标高数字，标高以 m 为单位，精确到小数点后三位，分正、负和零位三种情况。其中"±"在 CAD 中为特殊符号，在单行文字对话过程中，输入"%%P0.000"，便能够显示"±0.000"。CAD 还有后续"°"角度和"Φ"直径符号，输入"10%%d"，便能够显示"10°"，输入"%%c100"，便能够显示"Φ100"，记住这几个常用的特殊符号的 CAD 输入方法，非常有必要。

定位轴线编号和标高符号看似简单，但是涉及多个指令组合，定位轴线编号涉及圆（C）和单行文字（DT）的指令组合，其中单行文字指令必须经过对正选项 J 的操作。标高符号涉及正多边形（POL）、旋转（RO）、直线（L）、修剪（TR）、单行文字（DT）5 个指令组合及步骤，如图 2-67 所示。

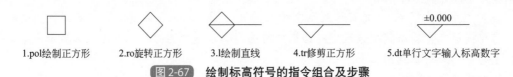

| 1.pol绘制正方形 | 2.ro旋转正方形 | 3.l绘制直线 | 4.tr修剪正方形 | 5.dt单行文字输入标高数字 |

图 2-67　绘制标高符号的指令组合及步骤

特别提醒　建议将建筑施工图常用的符号，包括图名、定位轴线编号、标高符号等，均通过"外部块"（W）指令保存为外部块，后续绘图需要的场合，下达"I"指令插入调用，块插入后分解（X）指令，然后用编辑文字指令"ED"，修改具体的文字内容即可。

2.7.5　项目补充训练

微课 26

绘制定位轴线编号和标高符号

2.7.5.1　项目B户型图的文字标注，包括门窗表文字

绘图步骤和指令与本任务相同，在图 2-61 完成的基础上，完成图 2-68 的项目 B 户型图文字标注。项目 B 的门窗表如图 2-69 所示，此处涉及表格的指令对话。CAD2005 版本之前，首页图中的门窗表是通过"直线"指令绘制好表格图形，然后运用"单行文字"指令输入相关文字内容。自 CAD2005 版本起，CAD 增加表格"table"指令，将绘制表格和输入文字合二为一。项目 A 的户型图没有提供门窗表，项目 B 的户型图（图 2-10）涉及门窗表输入任务。下拉菜单【绘图】→【表格】，或命令行：table（表格指令没有快捷键），或单击"绘图"工具栏▦，回车，出现"插入表格"对话框，如图 2-70 所示，设置表格列数和行数，单击【确定】按钮，在绘图窗口调整表格尺度和输入相关文字内容，如图 2-71 所示。

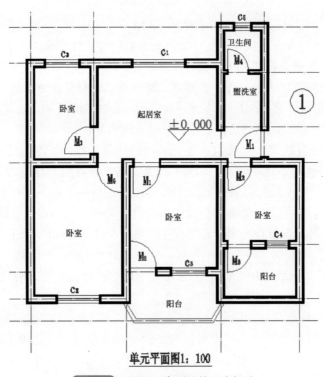

单元平面图1；100

图 2-68　项目 B 户型图的文字标注

门窗表

门编号	洞口尺寸	门编号	洞口尺寸
M 1	900×2100	C 1	1800×1500
M 2	800×2100	C 2	1500×1500
M 3	800×2400	C 3	1200×1500
M 4	700×2100	C 4	800×1500
M 5	900×2400	C 5	600×1500
M 6	860×2100		

图 2-69 项目 B 户型图的门窗表

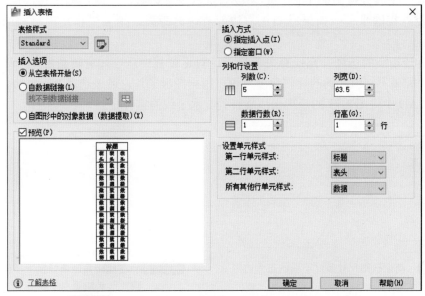

图 2-70 "插入表格"对话框中设置表格的列数和行数等

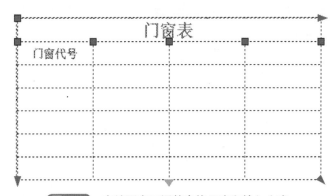

图 2-71 在绘图窗口调整表格尺度和输入文字

　　默认表格的尺度很小，在绘图窗口首先左键单击整个表格，之后选择表格右下角显示的按钮（图 2-71），向右下方拖放表格，将表格行和列同时调整放大至适当的尺度，注意此时要关闭正交功能，这样才能够同时放大表格的行和列。然后直接对准表格的分格双击，便出现类似多行文字的输入对话框，如图 2-65 所示，选择好文字样式和文字高度之后，便可以输入表格相关文字内容了。建议项目 B 表格文字高度为 500mm。CAD 创建表格及其文字内容是一个有机整体，尽可能不要分解（X）表格。CAD 表格功能远不如 Excel 表格，在实际工作过程中，可在 Excel 中完成相关表格，再链接到 CAD 图形中，这样绘图效率更高（不同软件的特长不同，CAD 特长就是绘图，Word 特长是处理文字，Excel 特长是处理表格等）。

微课 27

门窗表的输入

2.7.5.2 导引项目文字标注等

（1）导引项目的图形较大，注意文字高度的选择要与图形大小协调。

（2）正多边形指令的选项补充：正多边形的对话过程中涉及内接于圆（I）和外接于圆（C）两个选项，至于什么时候选择"I"还是选择"C"，主要根据绘制图形的已知条件而定，按照如图 2-72 所示的尺寸数字，在 CAD 中绘制下列两个正六边形的图形。正六边形边长等于其外接圆的半径，如果已知正六边形边长，也就已知外接圆的半径，即 I 选项，指定外接圆半径。如果已知正六边形对边的距离，则需要指定内接圆的半径，即选项为 C。

（3）旋转指令的选项补充：有关旋转指令对话过程中，已知旋转角度，可以直接输入角度数据，如果不知道准确的旋转角度，可以根据图形条件，通过选项 R，自动获得旋转角度。请在 CAD 中将图 2-73 的矩形长边旋转到与水平线的重合状态。

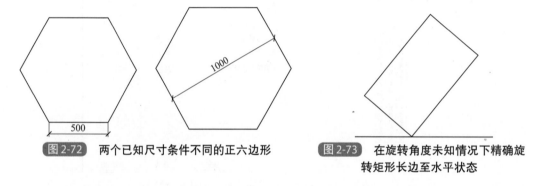

图 2-72 两个已知尺寸条件不同的正六边形

图 2-73 在旋转角度未知情况下精确旋转矩形长边至水平状态

2.7.5.3 项目测验题

一、选择题

（1）单行文字指令的快捷键是（　　）。

A. ST　　　　　　B. DT　　　　　　C. MT　　　　　　D. ED

（2）平面图出图比例 1：100，一般情况下，房间名称的文字高度是（　　）。

A. 150mm　　　B. 250mm　　　C. 350mm　　　D. 500mm

（3）单行文字修改指令下达的方式有（　　）。（多选题）

A. 双击　　　　　　　　　　　　B. 快捷键 ed

C. 工具栏选择文字编辑……　　　D. 单击后右键菜单

（4）单行文字输入定位轴线编号数字，为了保证文字正中点落在编号圆心上，选项 J 之后，还要输入选项（　　），然后捕捉编号圆的圆心，才能够实现文字的精确定位。

A. TC　　　　　　B. MC　　　　　　C. BC　　　　　　D. BL

（5）文字输入时，用（　　）来输入直径符号。

A. %%C　　　　　　B. %%d　　　　　　C. %%u　　　　　　D. %%P

微课 28

文字标注补充

二、填空题

（1）正多边形和旋转指令的快捷键分别是_____。

（2）CAD 创建表格的指令快捷键是_____。

（3）正多边形（pol）指令涉及_____和外切于圆（C）两个选项。

（4）已知正六边形平行对边的距离为 2000mm，则"pol"指令对话过程中选择 C 选项，同时指定正多边形的内切圆的半径是_____。

三、判断题（正确在括号内打"√"，错误在括号内打"×"）

（1）CAD 图纸标注汉字，一般场合优先选择 T@ 宋体、T@ 隶体等文字样式。（　　）

（2）高版本 CAD 的"CO"指令，默认多重复制，选择对象和基点，可连续复制多个对象。（　　）

（3）多行文字指令可以在一次对话过程中，对输入文字进行"格式"、"高度"、"下划线"等选项调整，同时在限定的矩形框的宽度范围内，自动实现文字换行等。（　　）

（4）表格指令包含绘制表格网格线和多行文字两大功能，同时还能够夹点调整表格大小。（　　）

（5）在 CAD 图形中创建复杂的表格，既可以用表格指令，也可以 Excel 表格导入 CAD。（　　）

（6）不知道对象精确的旋转角度，"RO"指令可以通过选项 R 指定参照角，而指定参照角，通常需要精确捕捉 3 点，从而实现对象的精确旋转。（　　）

2.8 任务 7 户型图尺寸标注

训练内容和教学目标

项目 A 户型图的尺寸标注（图 2-5），掌握标注样式（D）、线性标注（DLI）、连续标注（DCO）、基线标注（DBA）、对齐标注（DAL）、直径标注（DDI）、半径标注（DRA）、角度标注（DAN）、编辑标注（DED）、特性（MO）、特性匹配（MA）、夹点编辑等指令对话要领。

到本项目任务为止，户型图绘制完毕，包括图形、文字、尺寸标注三大部分。有关尺寸标注工具栏上图标，其余新学指令工具栏图标，如图 2-74 所示。

图 2-74　尺寸标注工具栏的常用图标

尺寸标注无疑是工程图样的重要内容，没有尺寸标注，施工图就没有指导施工的工程价值，正确、完整、清晰（规范）地标注尺寸也是本课程的重点和难点所在。

2.8.1 尺寸样式设置

打开任务 6 完成的图形文件，另存为文件名：户型平面图，之后下达"LA"命令，进入"图层设置"对话框，创建新图层，名称：尺寸；颜色：绿色；线型：默认为连续线（continous）；线宽：默认 0。当前图层调整为"尺寸"。在文字标注之前需要创建文字样式，与文字标注相同，在尺寸标注之前同样要创建尺寸标注样式，在 CAD 基础标注样式（ISO－25）的基础上，创建与建筑制图规范相符的标注样式。

下拉菜单【格式】→【标注样式】，或单击尺寸标注工具栏中的图标，或命令行快捷键：D，回车，出现"标注样式管理器"对话框，目前仅有 ISO-25 基础标注样式（针对小尺寸机械零件设置的样式），如图 2-75 所示，单击【新建】按钮，出现"创建新标注样式"对话框，默认新样式名称"副本 ISO-25"，更名为"建筑"，目前该样式的细节设置完全等同于 ISO-25，单击【继续】按钮，进入新建"建筑"标注样式设置对话框，包括"线"、"符号和箭头"、"文字"、"调整"……等活页，这几个活页中的细节设置，如图 2-76 ～图 2-79 所示，另外"主单位"、"换算单位"、"公差"这几个活页建筑工程图样较少涉及，本书不作展开讲述。完成"建筑"样式细节设置后，返回标注样式管理器，务必选中"建筑"样式，单击【置为当前】按钮。

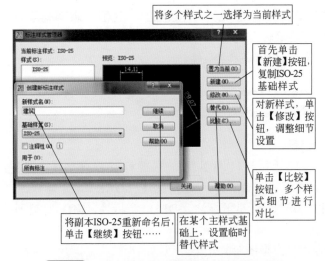

图 2-75 尺寸标注样式管理器和新建样式命名

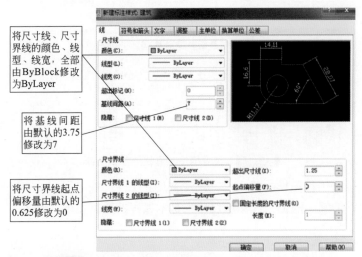

图 2-76 新建"建筑"样式"线"活页中的细节设置

图 2-77　新建"建筑"样式"符号与箭头"活页中的细节设置

将第一、第二箭头由"实心闭合"修改为"建筑标记"

特别提醒　尺寸标注样式设置的第一步，务必在 ISO-25 基础样式上单击【新建】按钮，不管什么情况，都不可以直接修改基础样式。基础样式是最和谐的样式，修改基础样式会导致后续样式设置的混乱。在文字标注样式设置中，同样不可以对软件自带"standard"进行修改。否则会连带尺寸标注样式中"文字样式"默认的 standard 被修改，如图 2-78 所示。

将文字颜色由"ByBlock"修改为"ByLayer"，其余细节均为默认

图 2-78　新建"建筑"样式"文字"活页中的细节设置

将文字位置由默认的"尺寸线旁边"修改为"尺寸线上方，带引线"

将使用全局比例由默认的1修改为100

图 2-79　新建"建筑"样式"调整"活页中的细节设置

特别提醒　尺寸数字在绘图窗口能否恰当显示，取决于调整页面中使用全局比例的大小。这个数据是将 ISO-25 基础样式的所有标注几何特征数值，同时放大多少倍的涵义。CAD 是 1 ∶ 1 绘图，将来出图打印比例通常 1 ∶ 50、1 ∶ 100、1 ∶ 200 等，使用全局比例可以相应地选择为"50、100、200"或相近的数据，将基础样式默认的文字高度、箭头大小、尺寸界线超出尺寸线的范围等几何数据放大相应的倍数，将来出图打印时，再缩小相应的倍数，这样便能保证制图的规范性。总之，使用全局比例这个数据，要保证尺寸标注的效果清晰和谐，尤其尺寸数字高度和箭头长度，在绘图窗口要清晰可见，大小协调等。

微课 29

尺寸标注样式设置

2.8.2 运用线性标注、连续标注、自动追踪，进行户型图的尺寸标注

CAD 尺寸标注是半自动化性质，下达标注指令之后，捕捉相关特征点，手动放置尺寸线位置等，有关尺寸数字、尺寸线、尺寸界线等自动生成。CAD 最常用的 2 个尺寸标注指令就是线性标注和连续标注。所谓线性标注就是捕捉两点，从两点出发的尺寸界线平行于 X 轴或者 Y 轴，尺寸线则垂直于 X 轴或者 Y 轴，尺寸数字为 CAD 测量得到的两点之间正交方向的距离。所谓连续标注，即串联标注，顺着第一个线性标注方向，将第一个线性标注的第二尺寸界线默认为下一个尺寸的第一尺寸界线，以此类推，连续捕捉多个第二尺寸界线，即可以形成尺寸线统一在一条正交直线方向的多个线性尺寸。注意线性标注的第一点和第二点的捕捉顺序，通常水平方向从左到右捕捉，垂直方向从下往上捕捉，随后的连续标注的第二个尺寸界线的点位就会顺着从左到右或者从下往上的方向进行连续捕捉即可。

建筑平面图通常有三道外部尺寸，最里面一道是门窗洞口的细部尺寸，第二道是定位轴线之间的尺寸，最外一道是总轮廓尺寸。线性标注配合连续标注，便可以完成图形的一道尺寸标注，下面以户型平面图（图 2-5）的下方最里面一道的外部尺寸标注过程为例。下拉菜单【标注】→【线性】，或单击"尺寸标注"工具栏中线性标注图标 ⊢┤，或命令行快捷键：DLI，回车，人机对话如下，其中指定尺寸线位置时，涉及自动追踪和动态显示等辅助功能的支持，如图 2-80 所示。

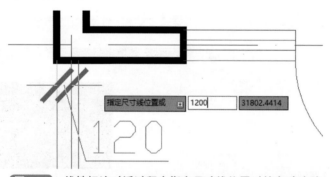

图 2-80 线性标注对话过程中指定尺寸线位置时的自动追踪

命令：DLI

DIMLINEAR

指定第一条尺寸界线原点或＜选择对象＞：（捕捉轴线 A 与 1 交点处的外墙线拐角交点）

指定第二条尺寸界线原点：（捕捉定位轴线 1 与阳台外侧轮廓线的交点）

指定尺寸线位置或［多行文字（M）/文字（T）/角度（A）/水平（H）/垂直（V）/旋转（R）］：1200（此时提醒手动放置尺寸线的位置或者其他选项，其他选项涵义后面再解释，这里先指定尺寸线位置。运用自动追踪辅助功能，先在阳台外侧拐角特征点为端点上停一下，向下拖动一下，出现极坐标和追踪虚线后，输入追踪距离 1200，回车结束对话）

标注文字 =120（回车后，便完成第一个线性尺寸标注。尺寸数字 120 为自动测量的结果，此时尺寸线位置离开阳台轮廓为 1200，将来 1：100 打印出图，尺寸线离开最外轮廓线的距离符合国家制图规范）

完成第一个线性标注，接下来连续标注，下拉菜单【标注】→【连续】，或单击"尺寸标注"工具栏中连续标注图标 ┣┣┫，或命令行快捷键：DCO，回车，人机对话如下：

命令：DCO

DIMCONTINUE

指定第二条尺寸界线原点或［放弃（U）/选择（S）］＜选择＞：（顺着刚刚完成的线性标注从左到右的顺序，捕捉户型图最左下侧门窗洞口的左端点，该点为第二尺寸界线原点。如果在第一个线性尺寸标注完成之后，穿插了其他指令对话，软件不会自动找到第一个线性标注，需要回车默认尖括号的"选择"选项，然后单击一个线性标注作为连续标注的基准）

标注文字 =900（提醒尺寸测量结果，自动生成新的尺寸标注）

指定第二条尺寸界线原点或［放弃（U）/选择（S）］＜选择＞：（依次向右捕捉门窗洞口的端点和定位轴线的端点作为第二尺寸界线的原点）

标注文字 =900（每捕捉一点，便自动生成一个尺寸标注）

……（此处省略多次重复性的对话）

指定第二条尺寸界线原点或［放弃（U）/选择（S）］＜选择＞：（捕捉最右下侧外墙拐点）

标注文字 =120（最右侧定位轴线与外墙拐点距离为120，即半砖墙的宽度）

指定第二条尺寸界线原点或［放弃（U）/选择（S）］＜选择＞：（回车结束捕捉）

选择连续标注：（提醒可以继续选择线性标注作为新的连续标注的基准，此处回车，退出此次对话。对话结果，如图 2-81 所示）

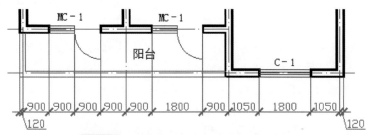

图 2-81　在线性尺寸基础上进行连续标注

重复"线性标注＋连续标注"的过程，完成户型图下方的第二道、第三道外部尺寸标注，即定位轴线的开间尺寸和总轮廓尺寸，结果如图 2-82 所示。注意第二道尺寸与第一道尺寸的距离，第三道尺寸与第二道尺寸的距离，保持一致，结合自动追踪辅助功能，给定距离为 700，将来 1 ： 100 出图打印，能够保证尺寸线之间的距离符合国家制图规范。户型图其余尺寸标注过程与这三道尺寸标注过程基本相似，不再赘述，请自行完成。

微课 30

线性标注与连续标注

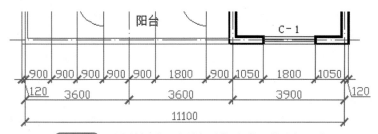

图 2-82　"线性标注＋连续标注"完成三道外部尺寸

2.8.3　运用夹点编辑中的拉伸指令调整尺寸界线参差不齐的起点

如图 2-82 所示，最里面一道门窗洞口细部尺寸的尺寸界线，其起点捕捉的位置参差不齐，不符合建筑制图的规范要求，可以通过夹点编辑的拉伸模式，调整尺寸界线的起点至统一的直线排列状态。与 Word 处理文字对象的顺序相反，CAD 默认先下达指令，然后选择图形对象，如下达"E"指令后，选择对象，回车确认，选中对象被删除。CAD 也可以先选对象，此时对象特征点以蓝色夹点状态呈现，再单击各指令图标，如选中橡皮头图标，被选中对象同样被删除。不同对象呈现的蓝色夹点数目有所不同，如图 2-83 所示，一条直线 3 个夹点（2 个端点和 1 个中点），一个圆 5 个夹点（4 个象限点和 1 个圆心），一个矩形 8 个夹点（4 个角点和 4 条边中点），一个线性标注 5 个夹点（2 个尺寸界线起点、2 个尺寸界线与尺寸线的交点和 1 个尺寸数字位置点）。如果操作过程中不小心误选对象，按【ESC】键便可取消蓝色夹点状态。蓝色夹点状态下，可以直接单击删除、移动、复制等指令，也可以单击对象上某一个夹点，此时该夹点变为红色夹点，命令行对话提示进入夹点编辑模式，敲空格键，夹点编辑在"拉伸"、"移动"、"旋转"、"比例缩放"、"镜像"5个常用编辑指令中循环切换。

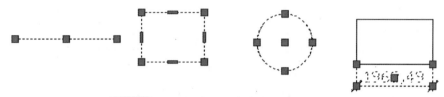

图 2-83　不同对象的蓝色夹点数目有所不同

命令：（没有明确指令，选中对象，单击蓝色夹点变为红色，进入夹点编辑模式）
** 拉伸 **（夹点编辑，优先进入拉伸指令）
指定拉伸点或 ［基点（B）/复制（C）/放弃（U）/退出（X）］：（提醒选择拉伸点，或者直接默认刚刚点中的红色夹点为拉伸基点）
** 移动 **（敲空格键，夹点编辑切换到移动指令）
指定移动点或 ［基点（B）/复制（C）/放弃（U）/退出（X）］：
** 旋转 **（敲空格键，夹点编辑切换到旋转指令）
指定旋转角度或 ［基点（B）/复制（C）/放弃（U）/参照（R）/退出（X）］：
** 比例缩放 **（敲空格键，夹点编辑切换到比例缩放指令）
指定比例因子或 ［基点（B）/复制（C）/放弃（U）/参照（R）/退出（X）］：
** 镜像 **（敲空格键，夹点编辑切换到镜像指令）
指定第二点或 ［基点（B）/复制（C）/放弃（U）/退出（X）］：
** 拉伸 **（敲空格键，夹点编辑重新回到拉伸指令，可在 5 个指令中循环切换）

夹点编辑 5 个编辑指令中已经学习前三个指令，还有比例缩放和镜像指令将在后续任务再展开学习。下面运用夹点编辑的拉伸指令来调整尺寸界线的起点统一落到一条正交直线上。首先绘制一条水平直线作为拉伸基点落脚的辅助线，该直线离开户型图最外的轮廓线距离为 500，然后在命令行待命状态下，用虚框从右向左拖动选择如图 2-82 所示的最里面一道的门窗洞口的细部尺寸，这一道连续标注的多个尺寸，呈现多个蓝色的夹点，单击某个尺寸界线的起点，变成红色夹点，默认该红色点为拉伸基点，直接拖动该点到辅助直线与尺寸界线的交点上释放，该尺寸界线起点便调整到辅助直线上，继续单击其余尺寸界线的起点，蓝色变红色，重复拖动和释放的过程，最后将所有尺寸界线起点统一到这一条直线上，然后按【ESC】键退出夹点编辑状态，结果如图 2-84 所示。然后下达"E"指令，删除辅助线。重复夹点编辑的拉伸指令过程，调整户型图上所有尺寸标注的尺寸界线至整齐划一的状态。

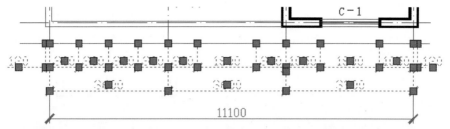

图 2-84 夹点编辑中拉伸指令将参差不齐的尺寸界线起点调整到统一的直线水平

特别提醒 在夹点编辑拉伸过程中，如果有多个夹点调整到辅助线的距离相同，此时按住【Shift】键，分别单击这些夹点，将它们同时转变为红色夹点，然后释放【Shift】键，只要拖动其中一个红色点至辅助线上释放，所有红色点便同时调整到辅助线上，这样明显提高编辑效率。除了调整尺寸界线起点，还可以调整尺寸数字的位置点，如图 2-82 所示的两端的"120"尺寸数字，可以通过夹点拉伸将其调整到如图 2-84 所示的位置上。

微课 31

尺寸界线起点的编辑

2.8.4　基线标注、对齐标注、直径标注、半径标注、角度标注

连续标注（DCO）是串联标注的性质，基线标注则是并联标注的性质，基线标注共有第一尺寸界线，只需要捕捉第二尺寸界线原点即可。基线标注尺寸线的排列距离按照如图 2-76 所示的样式设置好的基线间距"7"mm 乘以标注特征的全局比例"100"而定，对本户型图设置的标注样式而言，结果就是 700mm。下拉菜单【标注】→【基线】，或单击"尺寸标注"工具栏中基线标注图标 ⊟，或命令行快捷键：DBA，回车，人机对话如下：

命令：DBA

DIMBASELINE

选择基准标注：（如果刚刚完成一个线性标注，紧接着下达基线标注，则不需要选择基准标注，在线性标注之后穿插了其他指令对话，则必须拾取一个线性标注作为基准，该线性标注提供基线标注共用的第一尺寸界线）

指定第二条尺寸界线原点或［放弃（U）/选择（S）]＜选择＞：（捕捉第二尺寸界线起点，生成新的尺寸标注结果，按照设定的基线间距乘以全局比例的距离，向外排列尺寸线，并且小尺寸在里，大尺寸在外）

标注文字 =3600（告知尺寸标注的数字测量结果）

指定第二条尺寸界线原点或［放弃（U）/选择（S）]＜选择＞：（继续捕捉第二尺寸界线的起点，生成新的尺寸标注结果，尺寸线均匀向外排列）

标注文字 =11100（告知尺寸标注的数字测量结果）

指定第二条尺寸界线原点或［放弃（U）/选择（S）]＜选择＞：（此处回车确认不再捕捉第二尺寸界线起点）

选择基准标注：（提醒可以重新选择一个线性标注作为基线标注的基准。此处直接回车，退出本次对话，结果如图 2-85 所示，其中"900"线性标注为基准标注，3600 和 1110 为 2 道基线标注的结果，它们共用"900"线性标注的第一尺寸界线，每道尺寸线距离为 700mm）

本户型图三道外部尺寸的第一个线性标注，可以采用如图 2-85 所示的基线标注先标注出来，这样能够保证每道尺寸的尺寸线排列距离的均匀。当然也可以采用如图 2-82 所示的方法，借助自动追踪功能，给定尺寸线排列距离。随着 CAD 指令学习的积累，绘图指令组合方案越来越多，效率越来越高。

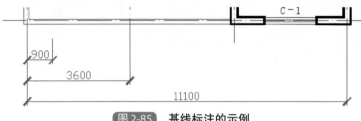

图 2-85　基线标注的示例

线性标注是尺寸线为正交方向的尺寸标注，对齐标注的尺寸线则是平行于尺寸界线起点连线的标注，不一定是正交方向的标注。如图 2-86 所示，矩形 ABCD 四个角点，线性标注

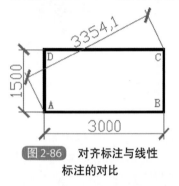

图 2-86　对齐标注与线性标注的对比

（DLI）捕捉对角线 AC 或 BD 两个尺寸界线起点，则可以拖动出两个正交的线性标注结果，左右拖动，标注垂直方向的尺寸，上下拖动，标注水平方向的尺寸，如果捕捉 AB、BC、CD、DA，则只能够拖动一个方向的尺寸标注结果。如果需要标注出对角线 AC 或者 DB 的长度尺寸，则只能选择对齐标注指令。对齐标注可以取代线性标注。下拉菜单【标注】→【对齐】，或单击"尺寸标注"工具栏中对齐标注图标，或命令行快捷键：DAL，回车。有关对齐标注的尺寸界线捕捉过程与线性标注完全相同，此处简略人机对话过程。

建筑施工图虽然较少涉及"半径"、"直径"、"角度"的标注，但是作为尺寸标注的基本类型，非常有必要学习这三个尺寸标注指令。遵照国家制图规范，这三个尺寸标注与长度尺寸标注有些小差异，因此必须在已经新建好的"建筑"标注样式基础上，创建子样式。用命令行快捷键"D"，可出现"标注样式管理器"对话框。选择"建筑"样式，然后单击【新建】按钮，出现"创建新标注样式"对话框，新样式名称为"副本建筑"，无须修改该名称，而是通过"用于"下拉菜单中选择"半径标注"，将用于所有标注，调整为用于"半径标注"，如图 2-87 所示。接下来单击【继续】按钮，进入"新建标注样式：建筑：半径"细节设置对话框，单击"符号和箭头"活页，将第二个箭头由"建筑标记"，通过下拉菜单调整为"实心闭合"，如图 2-88 所示，半径标注只有第二个箭头，第一个箭头指向圆心，省略掉了。返回"标注样式管理器"对话框页面，"建筑"主样式下列"半径"子样式。重复刚才的过程，分别创建"直径"和"角度"子样式。直径和角度子样式在"符号和箭头"活页中均需要将第一第二箭头由"建筑标记"调整为"实心闭合"。角度子样式，需要在"文字"活页中将"文字对齐"选项由"与尺寸线对齐"调整为"水平"，如图 2-89 所示，这样便与我国制图规范相一致，即不管什么方向的角度，角度文字方向始终水平。上述三个子样式创建完成，在"标注样式管理器"对话框中，"建筑"主样式下列半径、直径、角度三个子样式，如图 2-90 所示。

创建"半径"、"角度"、"直径"子标注样式之后，分别进行"半径"、"角度"、"直径"尺寸类型的标注。单击"标注"工具栏相应的图标，或者命令行下达快捷键，半径标注 DRA、直径标注 DDI、角度标注 DAN，在对话过程中，分别选择圆弧、圆、角度交叉线等图形，便会自动进行半径、直径、角度的标注，对话过程类似于线性标注，此处不再赘述。此时标注全局比例等参数与"建筑"主样式一致，但是箭头形式、角度文字方向，均按照相应的子样式显示，半径尺寸自带 R、直径尺寸自带 Φ（不需要特殊符号输入 %%c），角度数字后面自带上标 "°"（不需要特殊符号输入 %%d），三种子样式的标注示例，如图 2-91 所示。

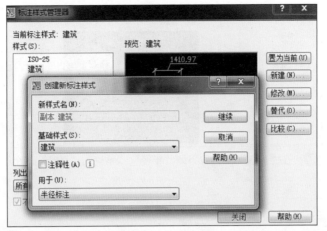

图 2-87　在"建筑"主标注样式基础上创建用于"半径标注"的子样式

图 2-88　在"建筑：半径"的"符号和箭头"页面中调整箭头形式为"实心闭合"

图 2-89　在"建筑：角度"的"文字"页面中调整"文字对齐"选项为"水平"

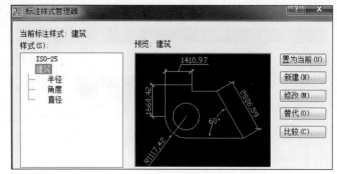

图 2-90　在"建筑"主样式下列"半径"、"角度"、"直径"三个子样式

图 2-91　"半径"、"角度"、"直径"三个子样式的标注示例

微课 32

直径半径角度等标注

2.8.5　线性标注文字选项 T、编辑标注、特性 MO 等途径修改尺寸数字

上述线性标注、对齐标注、半径标注、直径标注、角度标注，其尺寸数字都是默认自动测量的结果，CAD 也可以手动强制输入有关尺寸数字，以线性标注为例，命令行下达 DLI，回车，人机对话如下：

命令：DLI

DIMLINEAR

指定第一条尺寸界线原点或 <选择对象>：（左键捕捉线性尺寸第一尺寸界线起点）

指定第二条尺寸界线原点：（左键捕捉线性尺寸第二尺寸界线起点，此时尺寸数字显示的自动测量的 3600，如图 2-92 所示）

指定尺寸线位置或（此前都是手动放置尺寸线位置，然后便完成一个线性标注，此处不着急手动放置尺寸线位置，而是进行以下选项操作）

[多行文字（M）/文字（T）/角度（A）/水平（H）/垂直（V）/旋转（R）]：t（输入 t，文字选项，可以强制输入相关文字）

输入标注文字 <3600>：3000（提醒输入文字，此处手动输入 3000，而不是回车默认尖括号里的自动测量的尺寸数字）

指定尺寸线位置或（此处手动放置尺寸线位置，此时尺寸数字由默认的自动测量的 3600，被文字选项手动修改为 3000）

[多行文字（M）/文字（T）/角度（A）/水平（H）/垂直（V）/旋转（R）]：（无任何选项应答）

标注文字 =3600（提醒自动测量的数字结果，但是标注的尺寸数字是手动输入的 3000，如图 2-93 所示）

再以图 2-91 的圆的直径标注为例，该圆运用直径标注 DDI 指令标注，其结果为自动测量的 Φ2651.57。也可以通过线性标注的文字选项，手动输入一个整数，命令行快捷键 DLI，回车，人机对话如下：

图 2-92 线性标注自动测量的尺寸数字

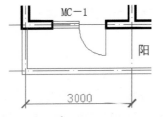

图 2-93 文字选项后手动输入尺寸数字

命令: DLI

DIMLINEAR

指定第一条尺寸界线原点或 <选择对象>: (捕捉圆的左侧象限点为第一尺寸界线起点)

指定第二条尺寸界线原点: (捕捉圆的右侧象限点为第二尺寸界线起点, 此时尺寸数字显示的自动测量的 2651.57, 线性标注不会自带直径符号)

指定尺寸线位置或 (不着急手动放置尺寸线位置, 而是进行有关选项操作)

[多行文字 (M) / 文字 (T) / 角度 (A) / 水平 (H) / 垂直 (V) / 旋转 (R)]: t (文字选项)

输入标注文字 <2651.57>: %%C2650 (手动输入特殊符号直径符号和圆整的数字)

指定尺寸线位置或 (手动放置尺寸线位置, 此时尺寸数字显示为 Φ2650)

[多行文字 (M) / 文字 (T) / 角度 (A) / 水平 (H) / 垂直 (V) / 旋转 (R)]: (无任何选项应答)

标注文字 =2651.57 (提醒测量数字, 但是标注手动输入的 Φ2650, 如图 2-94 所示)

有关半径标注、直径标注、角度标注的对话, 均有文字选项, 便于手动输入尺寸数字。请自行尝试将图 2-91 所示的非整数的半径数字、角度数字标注为整数。

上述是在标注过程中通过文字选项手动输入标注数字, 对已经完成的尺寸有什么修改途径呢? 如同文字编辑 (ED) 指令一样, 尺寸标注也有专门的尺寸编辑指令。单击"尺寸标注"工具栏中编辑标注图标 ✎ , 或命令行快捷键: DED, 回车, 人机对话如下:

命令: DED

DIMEDIT

输入标注编辑类型 [默认 (H) / 新建 (N) / 旋转 (R) / 倾斜 (O)] <默认>: O (输入O, 表示倾斜选项, 可以将某尺寸标注的尺寸界线按照指定的角度倾斜)

选择对象: 指定对角点: 找到 1 个 (拾取一个线性标注, 提醒找到一个对象)

选择对象: (回车确认, 不再选择新对象)

输入倾斜角度 (按 ENTER 表示无): 30 (指定倾斜角度30度, 此时选择的尺寸标注的尺寸界线相对 X 轴正方向逆时针旋转30°, 同时退出指令对话, 结果如图 2-95 所示)

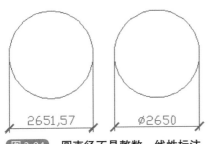

图 2-94 圆直径不是整数, 线性标注
文字选项标注出整数

图 2-95 编辑标注倾斜 O 选项, 尺寸界线
按照指定角度倾斜

直接回车，重复编辑标注的指令，人机对话如下：

命令：

DIMEDIT

输入标注编辑类型［默认（H）/ 新建（N）/ 旋转（R）/ 倾斜（O）］<默认 >：R（输入 R，表示旋转选项，可以将某尺寸标注的尺寸数字按照指定的角度旋转）

指定标注文字的角度：30（指定旋转的角度30度）

图 2-96 编辑标注旋转 R 选项，尺寸数字按照指定角度旋转

选择对象：找到 1 个（R 选项是先指定旋转角度，然后再提醒选择对象，与 O 选项先选对象再指定倾斜角度不同。此处拾取一个线性标注，提醒找到 1 个，同时该对象的尺寸数字相对 X 轴正方向逆时针旋转30°，结果如图 2-96 所示）

选择对象：（可以继续对其他尺寸对象进行尺寸数字旋转，此处回车，退出指令对话）

编辑标注的默认 H 选项，对已经进行文字旋转的编辑标注对象，将其文字恢复到默认的角度，本质就是选项 R 的撤销。编辑标注的新建 N 选项，通过类似于多行文字输入的屏幕对话框，用新输入的文字内容替代被选择对象的尺寸数字，请大家自行尝试这两个选项的操作。在实际工作过程中，很少通过编辑标注来修改尺寸标注的文字内容。或者说，编辑标注这个指令的使用频率很低，原因很简单，它的几个选项功能，只有特殊情况下才需要。

对已经标注完成的尺寸进行标注数字的修改，比较常见和方便的途径就是特性指令。所谓特性，就是 CAD 绘图指令产生的图形以及文字标注和尺寸标注产生的文字和尺寸对象的性质，这些性质包括方方面面的细节，如对象的图层、线型、颜色、线宽等，如文字对象，包括文字高度、旋转角度、文字内容等。先在绘图窗口拾取一个尺寸标注对象，蓝色夹点状态，然后下拉菜单【修改】→【特性】，或单击标准工具栏中特性图标圈，或命令行快捷键：MO，回车，出现特性修改对话框，如图 2-97 所示，此时被选择的蓝色夹点状态的对象，诸多细节特性分栏分类呈现，拖动对话框左侧的滑动按钮，找到文字一栏，下列与文字相关的特性，可以在文字替代一栏中，根据需要填写相应的替代数字，如填写 3000，则测量单位的 3600 在屏幕窗口被修改为 3000，文字旋转填写 30，则尺寸数字旋转30°（效果与上述编辑标注的 R 选项相同），然后关闭"特性"对话框，按【Esc】键退出，蓝色夹点消失，被选中对象的修改到位。选择尺寸标注对象，通过"特性"指令中的文字替代方式来修改尺寸数字，只是特性修改的一个小功能，还可以通过特性修改图形、文字、尺寸等对象的所有特性参数指标，特性（MO）指令是 CAD 所有编辑指令中功能最强大的指令。

特别提醒 CAD 不是完全的参数化设计软件，如修改尺寸数字，对图形没有修改的效果。随手绘制一个矩形图形，尺寸标注自动测量的数字往往非整数的效果，通过上述的尺寸标注文字选项，或者特性指令进行文字替代，本质上都是只修改了尺寸数字，没有修改图形，图形和尺寸之间没有协调统一的变化，这是上述几种修改尺寸数字的不足。

随手绘制一个矩形，进行尺寸标注，数字为非整数，如何能够做到修改尺寸数字和图形的协调一致？推荐使用拉伸（S）指令。下达拉伸指令，虚框部分选中（一半在框内，一半在框外）要拉伸的图形和尺寸对象，然后计算要拉伸的相对距离，最后就能够做到图形和尺寸数字协调统一的效果，如图 2-98 所示，该图拉伸的相对距离，正交状态下输入 8.59（即 3900 − 3891.41 的计算结果），便可将尺寸数字圆整为 3900，同时图形尺度也被拉伸到 3900。当然也可以选中对象，在正交状态下，向左拉伸 1.41，将图形和尺寸同时拉伸为 3890。拉伸指令的具体的人机对话，参考本书 2.5.4 的详细讲述。

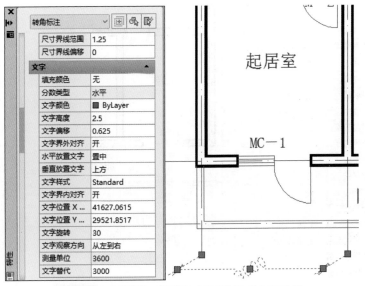

微课 33

尺寸编辑等

图 2-97　"特性"对话框，可以进行"文字替代、
文字旋转"等诸多对象特性的修改

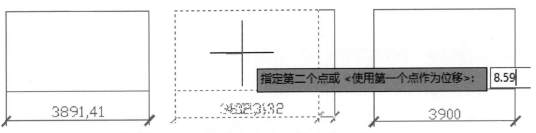

图 2-98　拉伸指令虚框部分选中矩形和尺寸，拉伸一定的
相对距离，可实现图形和尺寸的和谐变化

2.8.6　运用特性及特性匹配指令修改尺寸界线范围，进行轴线编号标注

完成户型图的三道外部尺寸标注，接下来进行定位轴线编号的标注。目前户型图的每道定位轴线的端点隐藏在最里一道的尺寸标注之中，是否将定位轴线端点延伸出来？否！这是因为定位轴线为红色的点划线线型，与绿色的连续的尺寸界线线型重叠在一起，效果不佳。可以修改第二道尺寸的尺寸界线超过尺寸线的范围，让尺寸界线延伸出来即可。修改尺寸界线超过尺寸线的范围有 2 个途径，主要用的是尺寸标注样式（D）指令修改，这种修改对图形之中的所有尺寸对象起作用，显然不可取，如何单独修改某些尺寸标注对象的这个参数呢？特性（MO）指令可以完成此任务。先选中户型图下方的第二道最左侧的 3600 尺寸，蓝色夹点呈现，然后单击"标准"工具栏图标，或者快捷键"MO"，出现"特性"对话框，拖动左侧滑块，找到"直线和箭头中的尺寸界线范围"这个特性参数，将当前默认的 1.25 修改为 15，这样 3600 这个尺寸的两条尺寸界线就单独地延伸出来了，如图 2-99 所示。"15mm"这个数据是尝试的结果，这样尺寸界线的伸出长度，恰好适合放置定位轴线编号的圆圈。然后退出特性修改对话框，按【Esc】退出蓝色夹点状态。

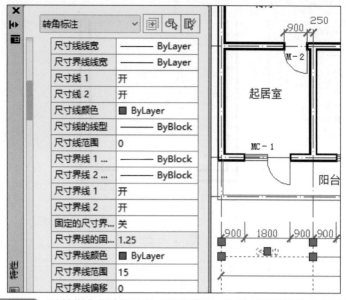

图 2-99　特性指令单独修改尺寸界线范围，延伸尺寸界线伸出的距离

新的问题出现了，是不是所有第二道尺寸标注对象都需要"特性"对话框逐一修改其尺寸界线伸出的距离呢？特性修改对话框有多个键盘与鼠标配合的小动作，逐一特性修改显然效率低下。特性匹配指令可以高效地完成第二道尺寸标注的尺寸界线伸出距离的修改。单击"标准"工具栏中特性匹配的 图标，或者命令行下达快捷键：MA，回车，人机对话如下：

命令：MA

MATCHPROP

选择源对象（提醒选择特性匹配的参考对象，拾取刚刚修改到位的 3600 线型标注对象）

当前活动设置：颜色 图层 线型 线型比例 线宽 厚度 打印样式 文字 标注 填充图案 多段线 视口 表格（提醒当前图形之中可以与源对象进行特性匹配的对象）

选择目标对象或［设置（S）］：指定对角点：（出现刷子图标，然后虚框框中第二道尺寸对象，如图 2-100 所示，凡是被选中的尺寸标注对象，其尺寸界线伸出距离与源对象相同）

选择目标对象或［设置（S）］：（刷子图标依然存在，可以继续框选户型图四周的第二道定位轴线的尺寸标注对象，修改到位之后，直接回车，便退出本指令对话过程）

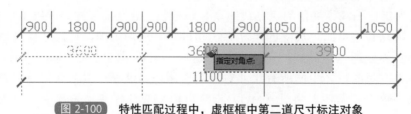

图 2-100　特性匹配过程中，虚框框中第二道尺寸标注对象

尺寸界线伸出距离修改到位之后，就是定位轴线编号的标注。在文字标注的任务过程中，已经准备好一个"定位轴线编号"图形，并且建议保存外部块图形。在户型图空白位置插入（I）外部块，然后分解（X）外部块对象，将外部块分解为图形"圆"和"文字"两个对象。再下达"复制"（CO）指令，选中图形"圆"和编号"文字"两个对象，基点捕捉圆的上象限点，多重复制，将基点捕捉到刚刚延伸出来的尺寸界线端点上。最后再下达"文字编辑"（ED）指令，逐一修改定位轴线编号的数字，户型图下方的定位轴线编号，如图 2-101 所示。有关"CO"和"ED"指令对话过程，参考 2.7.2 的详细讲述，此处不再赘述。重复

"CO"和"ED"指令过程，将户型图中四周的所有定位轴线编号复制和修改到位，具体编号内容，如图 2-5 所示。

图 2-101 插入外部块后分解，多重复制 CO ＋文字编辑 ED，完成定位轴线编号的标注

微课 34

定位轴线编号标注

到目前为止，完成了项目 A 户型平面图的绘制任务，即达成目标图形图 2-5，包括"图形"、"文字标注"、"尺寸标注"三个部分的内容。

2.8.7 项目补充训练

2.8.7.1 项目B户型图的尺寸标注，包括定位轴线编号标注

绘图步骤和指令与本任务相同，在图 2-69 完成的基础上，完成如图 2-102 所示的项目 B 户型图的尺寸标注。注意标注样式设置中的全局比例，确保尺寸数字和箭头大小正常显示，以及尺寸线间距等，必须符合建筑制图的尺寸标注规范。

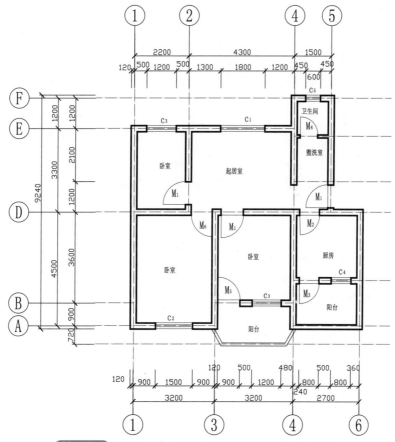

图 2-102 项目 B 户型图尺寸标注与定位轴线编号标注

2.8.7.2 导引项目的尺寸标注

导引项目的尺寸数字，如图 1-1 所示。注意导引项目的尺寸标注样式调整页面中使用全局比例的数据的确定，分几次尝试，找到适当的放大比例，确保导引项目的图形尺寸数字恰当显示，尺寸箭头大小的协调美观。

2.8.7.3 绘制某门卫房平面图并尺寸标注

控制在 30 分钟之内，快速完成如图 2-103 所示的图形、文字、尺寸标注等，该图虽小但很全面，涉及目前所学的 CAD 多个指令。CAD 绘图，必须保证绘图正确性、规范性、快速性。该图尺度相当于项目 A 户型图的一半左右，预计出图打印比例 1：50，文字标注的高度，尺寸标注的全局比例，尺寸线的距离，请注意相关规范性的贯彻。CAD 绘图的速度取决于指令的选择和指令对话过程的选项和参数应答的流畅。在完成图 2-103 的基础上，选择适当的指令，以及指令对话过程中适当的参数，将②号轴线与①号轴线和③号轴线的开间距离，由目前的"3000"+"4000"分布方案，调整为"3500"+"3500"分布方案，将Ⓐ和Ⓑ进深距离扩大到 4000，尺寸标注和图形同时修改到位，门窗规格保持不变，C1 窗户依然与两端轴线间距保持相等。

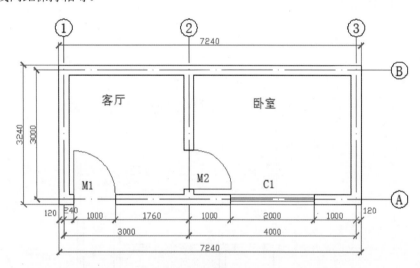

某门卫房平面图1：100

图 2-103　快速绘制某简易建筑的平面图并尺寸标注

2.8.7.4 项目测验题

一、选择题

（1）建筑平面图有（　　）道外部尺寸标注。

A. 1　　　　　　B. 2　　　　　　C. 3　　　　　　D. 4

（2）CAD 尺寸标注样式设置快捷键是（　　）。

A. A　　　　　　B. B　　　　　　C. C　　　　　　D. D

（3）建筑制图线性尺寸标注的尺寸箭头类型是（　　）。

A. 实心闭合　　　　　B. 空心闭合　　　　　C. 建筑标志　　　　　D. 倾斜

（4）线性标注是标注平面上两点之间的平行 X 轴或者平行 Y 轴的距离，其快捷键是（　　）。

A. DLI　　　　　　B. DCO　　　　　　C. DAL　　　　　　D. DBA

（5）一个图形包含有多个标注样式，单击（　　）可以选定其中一个标注样式。

微课 35

大学城总平面图尺寸标注

A. 新建　　　　　　　B. 修改　　　　　　　C. 置为当前　　　　　　D. 样式替代

（6）测量或者标注某矩形图形的对角线长度，选择（　　　）。

A. 线性标注　　　　　B. 连续标注　　　　　C. 基线标注　　　　　　D. 对齐标注

（7）编辑尺寸指令快捷键 DED，其中（　　　）选项是修改尺寸界线与尺寸线的夹角。

A. H 默认　　　　　　B. N 新建　　　　　　C. R 旋转　　　　　　　D. O 倾斜

（8）某一个矩形图形的长度真实尺寸不是一个整数，修改该数字为正整数可以采用以下（　　　）指令。（多选题）

A. 线性标注尺寸指令中的文字选项 T　　　B. 尺寸编辑指令 DED 中的默认 H

C. 特性指令对话框中的"文字替代"　　　　D. 拉伸（S）指令

（9）定位轴线编号通常保存为外部块，一个实际图形的定位轴线编号标注，通常会涉及以下（　　　）指令的综合调用。（多选题）

A. 块插入（I）　　　B. 分解（X）　　　　C. 复制（CO）　　　　D. 文字编辑（ED）

（10）在 ISO-25 的基础上新建一个标注样式，其标注特征比例使用全局比例的数值为 20000，则该样式的尺寸数字高度为（　　　）mm。

A. 2.5　　　　　　　B. 20000　　　　　　C. 25000　　　　　　　D. 50000

二、填空题

（1）夹点编辑模式是先选择对象，后选中某个夹点，夹点由蓝色变成红色，然后单击空格键，夹点编辑将在_____5 个常用 CAD 编辑指令中切换。

（2）相对常规的线性标注，半径标注和直径标注的标注样式只需要将箭头形式由"建筑标志"修改为"实心闭合"，而角度标注的标注样式除了需要修改箭头形式，还需要修改文字对齐方式，由默认的"与尺寸线对齐"修改为_____。

三、判断题（正确在括号内打"√"，错误在括号内打"×"）

（1）三道外部尺寸通常先标注最里面一道尺寸，即门窗洞口的细部尺寸，同时通过追踪辅助功能，保证这道尺寸线与最靠近的轮廓线距离符合制图规范等。（　　　）

（2）连续标注是在线性标注基础上进行，把第一个线性标注的第二尺寸界线默认为下一个标注的第一尺寸界线，然后顺着第一个线性标注方向串联标注。（　　　）

（3）单行文字对象在夹点编辑时仅有一个夹点，此夹点为文字输入的控制位，此时夹点"拉伸"效果等于"移动"效果，比下达"移动"指令移动单行文字的效率高。（　　　）

（4）外部尺寸的尺寸线间距，既可手动追踪输入距离实现，也可基线标注指令先完成三道尺寸的第一个线性尺寸实线，其间距由标注样式中"基线间距"参数确定。（　　　）

（5）CAD 只能够选择"直径标注"指令标注圆的直径尺寸，否则无法显示尺寸数字的直径符号前缀。（　　　）

（6）可以通过标注样式设置对话框，重新修改尺寸界线超出尺寸线的参数，来达到延长尺寸界线的目的，便于定位轴线编号符号的定位。（　　　）

（7）为了延长第二道外部尺寸（定位轴线之间的尺寸）的尺寸界线超出尺寸线的距离，可以先修改其中尺寸对象的"特性"（MO）对话框中"尺寸界线范围"参数，然后通过特性匹配（MO）将此特性传递给所有第二道尺寸。（　　　）

（8）尺寸样式设置对话框"调整"页面的标注特征比例"使用全局比例"的数值大小，与图形真实尺度密切相关，图形真实尺度越大，全局比例的数值就越大，这样能够在绘图窗口显示尺寸数字和尺寸箭头等几何要素。（　　　）

（9）拉伸指令修改图形，虚框选择对象得当，可以保证图形和尺寸同步修改到位。（　　　）

2.9 任务 8 绘制单元平面图及楼梯踏步

训练内容和教学目标

绘制项目 A 单元平面图及其楼梯踏步（图 2-104）。掌握镜像 MIrror（MI）、文字镜像参数 Mirrtext、打断 break（BR）、阵列 ARray（AR）等指令对话过程要领。

新学指令工具栏图标见图 2-104 标注。

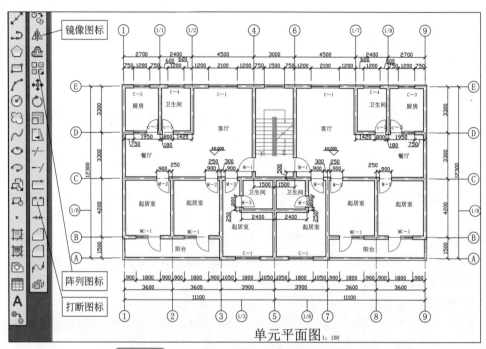

单元平面图 1:100

图 2-104　A 户型住宅楼的单元平面图及楼梯踏步

2.9.1 运用镜像指令生成单元平面图

打开图 2-5 项目 A 的户型平面图，另存为文件名：单元平面图。在 2.1 项目导入时，已经分析项目 A 的图形特点，单元平面图是在户型平面图的基础上，一个镜像指令就可以生成除了楼梯踏步之外的绝大多数图形，项目 A 绘图由此进入加速度阶段。在镜像之前，"修剪"（TR）指令剪除超出户型图轴线⑤右侧的水平轴线和半墙体，注意修剪指令中的边界延伸 E 选项的运用。然后用"删除"（E）指令，清除轴线⑤右侧的所有图形、尺寸标注等对象。最后下拉菜单【修改】→【镜像】，或单击"修改"工具栏 ⚐ 图标，或命令行快捷键：MI，回车，人机对话如下：

命令：MI

MIRROR

选择对象：指定对角点：找到 161 个（虚框框选除了图名之外的所有对象，目前被选中对象数目 161 个）

选择对象：（按住【Shift】键，点击⑤定位轴线、⑤数字和圆圈，将这三个对象减选）

选择对象：（直接回车，确认不再进行对象选择）

指定镜像线的第一点：（左键单击捕捉镜像线所在的定位轴线⑤上任意一点）

指定镜像线的第二点：（捕捉定位轴线⑤上任意一点，或者在正交状态下，在刚刚捕捉第一点之外的空白处单击确定一点）

是否删除源对象？［是（Y）/否（N）］<N>：（直接回车，默认尖括号的 N 选项，不删除源对象，绘图窗口便出现左右两侧对称的户型图，同时退出指令对话。此时图形相对图 2-104 目标图形而言，主要缺少楼梯踏步的图形）

上述选择对象过程中，镜像线定位轴线⑤本身不可避免被虚框选中，如果在对话过程中没有按住【Shift】键减选对象，那么镜像完成之后，定位轴线⑤及其编号就是重叠的对象，镜像之后立即下达"删除"（E）指令，拾取方式选择轴线⑤和编号⑤的数字和圆圈各一次，将重叠隐藏的多余对象清除掉。（镜像指令运用正确能达到事半功倍的效果，在镜像之前应尽可能将户型图细节完善到位）。单元平面图后面还要镜像生成标准层平面图，所以要及时清除图形之中一些隐藏的多余对象。

目前镜像生成的单元平面图右侧部分的文字标注和尺寸标注，只是位置镜像，文字和尺寸数字的书写方向依然符合正常的阅读习惯，这是通常需要的结果。如果希望文字像刻印章一样有完全对称的效果，则需要通过系统参数指令 Mirrtext 的帮助，该系统参数只有 0 和 1 两个值，为"0"就是"文字位置镜像，书写方向不镜像"的不完全镜像效果，为"1"则文字和尺寸数字等同于图片，就是"文字位置镜像，书写方向也镜像"的完全镜像效果。该系统参数使用频率低，命令行下达指令全称 Mirrtext，回车，人机对话如下：

命令：Mirrtext

输入 MIRRTEXT 的新值 <0>：1（此处输入 1 新值，回车并结束指令对话。实际工作过程中绝大多数情况下是默认 mirrtext 为 0，重复指令对话过程，可以将 1 修改为 0）

以门窗代号 C-1 为例，有三种途径文字标注：一是 1 个"单行文字"（dt）指令标注的结果；二是两个"单行文字"（dt）指令标注的结果组合，即"C-"和"1"两个单行文字；三是一个"多行文字"指令（MT）标注的结果。这三种途径生成看似同样的文字对象，在 Mirrtext 为 0 和为 1 的前提下进行镜像，效果有所不同，如图 2-105 所示。建议门窗代号尽可能是 1 个单行文字 dt 指令标注的结果。

1个单行文字　C-1　Ⅰ-Ɔ　　　C-1　　C-1

2个单行文字　C-1　Ⅰ-Ɔ　　　C-1　1C-

1个多行文字　C-1　Ⅰ-Ɔ　　　C-1　　C-1

　　　　　　mirrtext=1　　mirrtext=0

图 2-105 在 Mirrtext 系统参数控制下不同途径的文字对象镜像效果的比较

特别提醒 在建筑施工图中，虽然镜像线通常情况下是正交方向的直线，但是任意方向都可以进行镜像复制，而且选择镜像线的时候，不一定非要有一条看得见直线存在，只需要在绘图窗口，鼠标左键单击两点即可。另外不可以随意分解尺寸标注对象，一个完整的线性标注，被执行分解（X）指令之后，变成 6 个对象（1 个尺寸数字、2 条尺寸界线、1 个尺寸线、2 个尺寸箭头线），再进行镜像指令，其尺寸箭头的倾斜方向不符合建筑制图基本规范，如图 2-106 所示。

微课 36

由户型图绘制
单元平面图

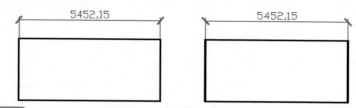

图 2-106 Mirrtext 为 0，线性标注被分解后进行镜像，尺寸箭头不符合制图规范

2.9.2 运用阵列和打断等指令绘制楼梯踏步线

　　下面开始绘制单元平面图中楼梯水平踏步的图形。创建新图层，名称：楼梯；颜色：橙色；线型：默认为连续线（continous）；线宽：默认 0，然后当前图层调整为"楼梯"。先绘制梯井与扶手的水平投影，分三步进行：（1）下达"矩形"指令（REC），第一角点任意拾取，第二角点"@60，2520"，便可绘制 60×2520 矩形梯井；（2）"偏移"指令（O），偏移距离60，选择梯井图形向外偏移 2 次，便得扶手内外侧投影；（3）"移动"（M）指令，虚框选择梯井扶手三个矩形图形，基点为最里侧的矩形下侧 60 短边的中心点，将该基点移动至单元平面图对称轴线⑤与轴线ⓒ交点处，停一停，出现交点的特征点，再向上稍稍移动，出现自动追踪提示，输入追踪距离为1740，梯井与扶手的三个矩形便在单元平面图获得定位，如图2-107所示。接下来绘制水平踏步直线，本案为最常见的双跑平行楼梯，有中间休息平台，踏步宽度通常取 250～300mm，本案取280mm，两跑共 18 个踏步，单侧一跑 9 个踏步，即单侧需要绘制 10 根 280mm 等距离平行分布的直线。先绘制第一根踏步直线，起点为梯井矩形的左下角角点，末点捕捉左侧墙体右侧轮廓线的垂足，如图 2-108 所示。以上运用的均是已学指令，具体指令对话过程不再赘述。

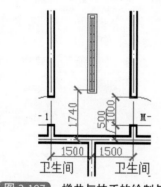

图 2-107 梯井与扶手的绘制与定位

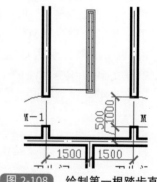

图 2-108 绘制第一根踏步直线

　　绘制好的踏步线需要剪除被扶手遮掩的直线段，下达"修剪"（TR）指令，选择扶手内外侧两个矩形为修剪边界，拾取两个矩形之间的踏步直线段，便可完成修剪的任务。这里新学一个打断指令，来替代修剪指令。下拉菜单【修改】→【打断】，或单击"修改"工具栏图标，或命令行快捷键：BR，回车，人机对话如下：

命令：BR

BREAK 选择对象：（拾取刚刚绘制第一根踏步直线）

指定第二个打断点或［第一点（F）］：F（打断指令默认选择对象的拾取框为第一个打断点，再直接指定第二个打断点，这里输入选项 F，需要重新指定第一个打断点）

指定第一个打断点：（捕捉扶手外侧矩形与踏步直线的交点）

指定第二个打断点：（捕捉扶手内侧矩形与踏步直线的交点，两个打断点之间的直线段消失，同时退出指令对话过程。结果如图 2-109 所示）

在图 2-109 的基础上，下达镜像指令，对称线为轴线⑤，结果如图 2-110 所示。

图 2-109　打断第一根踏步直线

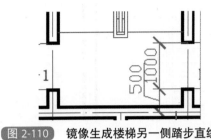

图 2-110　镜像生成楼梯另一侧踏步直线

特别提醒　打断可将一条直线分成两段，不一定非要修剪其中的一段。上述对话过程中，指定第二个打断点，手动输入"@"，即默认第二个打断点与第一个打断点重合，这时直线在打断点被分成两段，可通过移动或删除指令检查对象的数量。圆弧、圆、矩形、多边形等对象均可以被打断。圆、矩形、多边形等封闭图形被打断时，打断点的选择顺序很重要，是第一打断点逆时针旋转到第二打断点之间的那一段图形被剪除，如图 2-111 所示，同一个圆，选择左象限点和下象限点为打断点，由于前后选择顺序不同，被修剪的圆弧段完全不同。

微课 37

绘制梯井扶手和
第一根楼梯踏步线

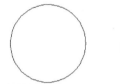

图 2-111　封闭图形打断点的顺序不同，结果截然不同

多根等距离分布的踏步直线，用偏移（O）指令去逐一平行复制效率低，接下来学习阵列指令。下拉菜单【修改】→【阵列】，或单击修改阵列 图标，或命令行快捷键：AR，回车。在 CAD2008 低版本中，出现【阵列】对话框，如图 2-112 所示，填写相关参数，选择图 2-110 中的四条踏步直线为对象，阵列生成两侧楼梯投影，结果如图 2-113 所示。

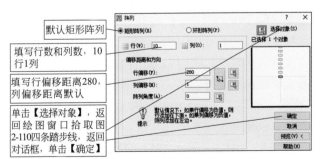

图 2-112　CAD2008 低版本中的"阵列"对话框及其参数设置

特别提醒　矩形阵列就是排方阵，平行于 X 轴，上下是行；平行于 Y 轴，左右是列。行距离和列距离的测量，是源对象上任取一点，与最靠近的新对象上同一位置点的正交方向的距离，不能与源对象和新对象之间的空隙尺寸相混淆，如图 2-114 所示。行距离和列距离有正负值之分；行距离为正，

源对象从下往上排行；行距离为负，源对象从上往下排行；列距离为正，源对象从左往右排列；列距离为负，源对象从右往左排列。

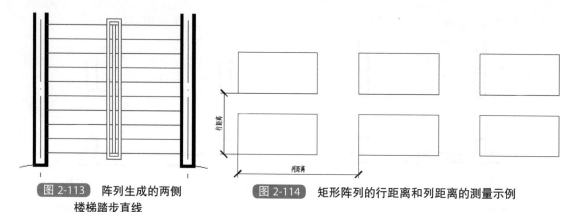

图 2-113　阵列生成的两侧楼梯踏步直线

图 2-114　矩形阵列的行距离和列距离的测量示例

从 CAD2012 高版本开始，阵列指令不再是上述对话框的形式，而是命令行对话方式。单击上述矩形阵列指令图标右下角箭头，会弹出三个图标，分别代表矩形阵列、路径阵列，环形阵列，左键单击便可以在三个图标中切换，路径阵列图标是，环形阵列图标是，环形阵列本质上也是路径阵列，只不过路径是一条封闭的圆周而已。

下面以导引项目的图形为例，先"矩形"（REC）命令绘制 900000×500000 矩形，在 CAD2012 版本中单击矩形阵列的图标之后，默认为矩形阵列。或快捷键 AR，回车，命令行人机对话过程如下：

微课 38

绘制单元平面图楼梯全部踏步线

arrayrect

选择对象：找到 1 个（单击选择 900000×500000 矩形）

选择对象：（回车确认对象选择结束）

输入阵列类型［矩形（R）/路径（PA）/极轴（PO）］<矩形>：（回车默认尖括号中矩形类型）

类型＝矩形　关联＝是（提示以下为矩形阵列类型）

为项目数指定对角点或［基点（B）/角度（A）/计数（C）］<计数>：（回车默认尖括号计数）

输入行数或［表达式（E）］<4>：2（默认行数为 4，此处输入行数为 2）

输入列数或［表达式（E）］<4>：3（默认列数为 4，此处输入行数为 3）

指定对角点以间隔项目或［间距（S）］<间距>：（回车默认尖括号间距）

指定行之间的距离或［表达式（E）］<750000>：800000（输入行间距为正数 800000，正数表示向上排行，如果负数便向下排行）

指定列之间的距离或［表达式（E）］<1350000>：975000（输入列间距为正数 975000，正数表示向右排行，如果负数便向左排列）

按 Enter 键接受或［关联（AS）/基点（B）/行（R）/列（C）/层（L）/退出（X）］<退出>：（回车，既是表示按【Enter】键接受，同时也是尖括号的退出，完成指令对话过程，结果如图 1-1 所示，即六个学校的矩形排布，也与图 2-114 所示图形相似）

特别提醒　阵列产生的图形是关联成组的性质，下达"分解"（X）指令，才能选择其中某个图形，进行相关编辑。有关路径阵列和环形阵列，请大家课外自行练习。

2.9.3　运用多段线绘制梯段上行下行的指引线

按照建筑制图规范，楼梯平面图投影需要绘制上行踏步和下行踏步的分界线，以及梯段上行和下行的指引线。

"对象捕捉设置"对话框中勾选最近点，关闭"正交"功能，下达"直线"指令，起点捕捉梯井矩形右侧边偏下端的最近点，第二点（末点）捕捉楼梯间右侧墙体的左侧轮廓线上偏上端的最近点，目测该直线倾斜约45°即可，然后在该直线中间绘制 N 型的折断线，再通过"修剪"（TR）指令或者"打断"（BR）指令，修剪多余的直线段，这样便绘制了上行踏步和下行踏步分界线，如图 2-115 所示。注意及时在对象捕捉对话框中去除最近点的勾选，这是最敏感的特征点，容易干扰其他特征点的顺利捕捉。

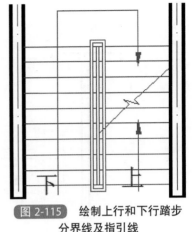

图 2-115　绘制上行和下行踏步
分界线及指引线

梯段上行和下行指引线，建议正交状态下，运用"多段线"（PL）指令绘制，人机对话如下：

命令：_pline

指定起点：（在左侧最下端的踏步线的中点正下方拾取一点）

当前线宽为 0.000（提醒当前线宽为 0，如果不是 0，需要通过 W 选项，恢复为 0）

指定下一个点或 [圆弧（A）/半宽（H）/长度（L）/放弃（U）/宽度（W）]：<正交 开>（正交状态下，在左侧最上端踏步线中点的正上方拾取一点）

指定下一点或 [圆弧（A）/闭合（C）/半宽（H）/长度（L）/放弃（U）/宽度（W）]：（在右侧最上端踏步线中点的正上方拾取一点）

指定下一点或 [圆弧（A）/闭合（C）/半宽（H）/长度（L）/放弃（U）/宽度（W）]：（在右侧靠近分界线的上端空白处拾取一点，这一点不要落在踏步线上）

指定下一点或 [圆弧（A）/闭合（C）/半宽（H）/长度（L）/放弃（U）/宽度（W）]：W（输入选项 W，下面可以设定线宽）

指定起点宽度 <0.000>：80（输入起点宽度为 80）

指定端点宽度 <80.000>：0（输入末点宽度为 0，这样便可绘制出实心闭合的箭头）

指定下一点或 [圆弧（A）/闭合（C）/半宽（H）/长度（L）/放弃（U）/宽度（W）]：240（光标继续正交方向向下，输入 240，绘制出长度为 240 的箭头）

指定下一点或 [圆弧（A）/闭合（C）/半宽（H）/长度（L）/放弃（U）/宽度（W）]：（回车结束多段线指令对话，这样便绘制出楼梯下行指引线）

重复"多段线"（PL）指令，绘制出右侧上行指引线，注意箭头线宽设置与下行箭头保持一致。然后用"单行文字"（DT），标注出"上"、"下"两字，结果如图 2-115 所示。

2.9.4　补充楼梯间窗户和相关尺寸标注

目前单元平面图的楼梯间，缺少北侧墙体、窗户图形以及相关尺寸标注，分 3 步完成这部分图形：

（1）当前图层调整为墙体，运用"多段线"（PL）指令，直接绘制线宽为 50 的墙体轮廓线，注意点位捕捉和正交距离的输入，运用"修剪"指令，修剪多余的线段，运用"多段线编辑"（PE）指令中合并 J 选项，将新绘制的墙体与原先墙体的两个多段线合并成一条光滑的封闭的多段线，如图 2-116 所示。

（2）运用"删除"（E）指令删除另一侧墙体图形，再运用"镜像"（MI）指令，将合并之后的新墙体图形镜像到另一侧；当前图层调整为门窗，运用"多线"（ML）指令，选项 ST 选择已经设置好的"四线"样式，绘制窗户图形，当然也可以"插入块"（I）指令插入窗户外部块，如图 2-117 所示。

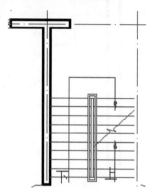

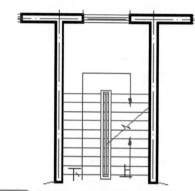

图 2-116 　多段线绘制楼梯间一侧墙体轮廓线　　　　图 2-117 　镜像生成两侧墙体，并绘制四线窗户

（3）当前图层调整为尺寸，运用"连续标注"（DCO）指令，补充楼梯间窗户的两道外部尺寸的标注，注意选择对应的线性标注为连续标注的基准，如图 2-118 所示。上述 3 个步骤涉及图层切换，以及多个已学指令的综合运用，具体指令对话过程不再赘述。

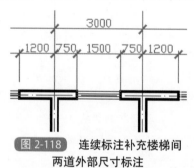

图 2-118 　连续标注补充楼梯间
两道外部尺寸标注

微课 39

绘制楼梯踏步指引线和
楼梯间窗户等

最后下达"文字编辑"（ED）指令，将单元平面图右侧户型图开间方向的定位轴线编号逐一修改到位，主轴线编号按照从左到右的顺序逐渐增大，单元平面图最右侧的主轴线编号为⑨，附加轴线编号的分母对应于其左侧主轴线的编号。同时将原有图名由"<u>户型平面图 1：100</u>"修改为"<u>单元平面图 1：100</u>"。至此完成图 2-104 所示的单元平面图。

2.9.5　项目补充训练

2.9.5.1　绘制项目B单元平面图

绘图步骤和指令与本任务相同，在图 2-102 完成的基础上，完成图 2-119 的项目 B 户型图的单元平面图。开间方向共 11 根轴线，相对⑥轴线对称。楼梯间踏步宽度取 250mm，最下的踏步线与Ⓓ轴线的距离取 1260mm，梯井矩形为 60×2000 的矩形。

2.9.5.2　环形阵列和倾斜阵列练习

本任务的重点和难点是"阵列"（ar）指令对话，前面学习的是矩形阵列（arrayrect），下面请运用路径阵列（arraypath）或者环形阵列（arraypolar），绘制图 2-120，注意阵列数目为 10，捕捉圆心为阵列中心点。

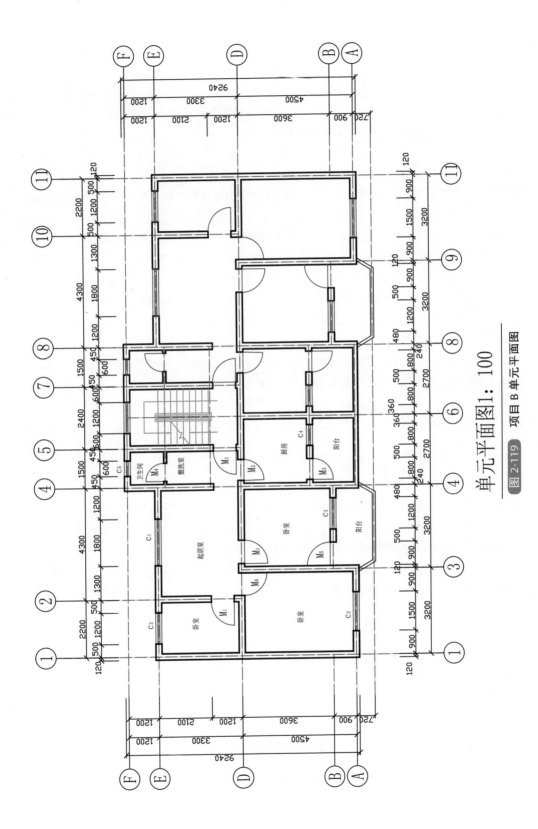

单元平面图1: 100

图 2-119　项目 B 单元平面图

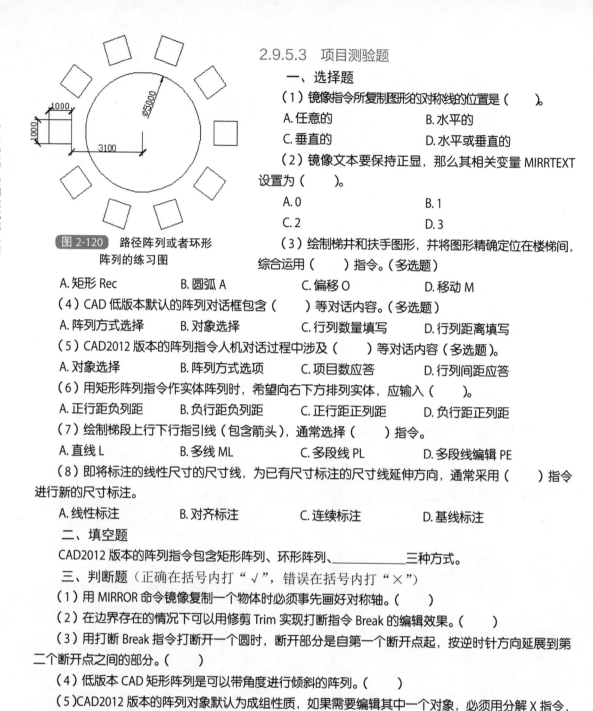

图 2-120 路径阵列或者环形
阵列的练习图

2.9.5.3 项目测验题

一、选择题

（1）镜像指令所复制图形的对称线的位置是（　　）。

A. 任意的　　　　　　　　　　　　B. 水平的

C. 垂直的　　　　　　　　　　　　D. 水平或垂直的

（2）镜像文本要保持正显，那么其相关变量 MIRRTEXT 设置为（　　）。

A. 0　　　　　　　　　　　　　　B. 1

C. 2　　　　　　　　　　　　　　D. 3

（3）绘制梯井和扶手图形，并将图形精确定位在楼梯间，综合运用（　　）指令。（多选题）

A. 矩形 Rec　　　　B. 圆弧 A　　　　C. 偏移 O　　　　D. 移动 M

（4）CAD 低版本默认的阵列对话框包含（　　）等对话内容。（多选题）

A. 阵列方式选择　　　B. 对象选择　　　C. 行列数量填写　　　D. 行列距离填写

（5）CAD2012 版本的阵列指令人机对话过程中涉及（　　）等对话内容（多选题）。

A. 对象选择　　　B. 阵列方式选项　　　C. 项目数应答　　　D. 行列间距应答

（6）用矩形阵列指令作实体阵列时，希望向右下方排列实体，应输入（　　）。

A. 正行距负列距　　　B. 负行距负列距　　　C. 正行距正列距　　　D. 负行距正列距

（7）绘制梯段上行下行指引线（包含箭头），通常选择（　　）指令。

A. 直线 L　　　B. 多线 ML　　　C. 多段线 PL　　　D. 多段线编辑 PE

（8）即将标注的线性尺寸的尺寸线，为已有尺寸标注的尺寸线延伸方向，通常采用（　　）指令进行新的尺寸标注。

A. 线性标注　　　B. 对齐标注　　　C. 连续标注　　　D. 基线标注

二、填空题

CAD2012 版本的阵列指令包含矩形阵列、环形阵列、＿＿＿＿＿＿三种方式。

三、判断题（正确在括号内打"√"，错误在括号内打"×"）

（1）用 MIRROR 命令镜像复制一个物体时必须事先画好对称轴。（　　）

（2）在边界存在的情况下可以用修剪 Trim 实现打断指令 Break 的编辑效果。（　　）

（3）用打断 Break 指令打断开一个圆时，断开部分是自第一个断开点起，按逆时针方向延展到第二个断开点之间的部分。（　　）

（4）低版本 CAD 矩形阵列是可以带角度进行倾斜的阵列。（　　）

（5）CAD2012 版本的阵列对象默认为成组性质，如果需要编辑其中一个对象，必须用分解 X 指令，将阵列成组对象分解为单体对象。（　　）

（6）捕捉对象设置中勾选最近点，只要鼠标落在线段之上，即可处处实现点位的捕捉。（　　）

2.10 任务 9　绘制标准层与底层平面图

训练内容和教学目标

绘制 A 户型住宅楼的标准层平面图和底层平面图（图 2-1、图 2-2）。

本任务没有新学 CAD 指令，为已学指令的综合运用。

2.10.1　由单元平面图镜像生成标准层平面图，完善轴线编号等细节

打开图 2-104 图形文件，另存为文件名：标准层平面图。从单元平面图开始，项目 A 绘图进入加速度阶段。在对单元平面图镜像之前，下达"修剪"（TR）指令，剪除超出户型图⑨轴线右侧的水平轴线和半墙体，注意修剪指令中的边界延伸 E 选项的运用。然后用"删除"（E）指令，清除⑨轴线右侧的所有图形、尺寸标注等对象。最后下达镜像指令，选择除了图名之外的所有图形对象，直接回车，默认不删除源对象的镜像，便生成标准层大部分图形，如图 2-121 所示，具体对话过程，与户型图镜像生成单元平面图的对话过程相一致。注意立刻下达"删除"（E）指令，拾取方式选择⑨轴线和编号⑨的数字和圆圈各一次，将镜像生成的重叠隐藏的多余对象清除掉。

相对于项目 A 目标图 2-1 来说，图 2-121 还需要进行以下的图形修改和细节完善。

2.10.1.1　修改图名和定位轴线编号

下达"文字编辑"（ED）指令，将原有图名由"单元平面图 1 ：100"修改为"标准层平面图 1 ：100"，"移动"（M）指令将图名移动到对称轴线⑨正下方位置。再次下达"文字编辑"指令，将⑨轴线右侧开间方向的定位轴线编号逐一修改到位，主轴线编号按照从左到右的顺序逐渐增大，单元平面图最右侧的主轴线编号为⑰，附加轴线编号的分母对应于其左侧主轴线的编号。附加轴线编号数字，如果超出圆周，用"特性修改"（MO）指令修改文字高度至适当状态，然后用"特性匹配"（MA）指令将标准层平面图中所有附加轴线编号的文字高度刷成一致的高度。

2.10.1.2　修改外部尺寸标注

运用"删除"（E）指令，将图 2-121 下方的 4 个原户型图总开间"11100"尺寸删除，再下达"线性标注"（DLI）指令，捕捉整个平面图最左侧和最右侧的轮廓线角点，标注出整个标准层平面图的总轮廓的开间长度，包含两侧半墙的宽度尺寸在内，总轮廓的开间长度为 44640，标准层平面图上下各标注一个总轮廓的开间长度，注意自动追踪将该道尺寸线与第二道尺寸线的间距定为 700mm，另外通过夹点编辑拉伸模式将 44640 尺寸数字稍微移动一定距离，不要与⑨轴线图形重叠在一起。上述两步的结果，如图 2-122 所示。

2.10.1.3　将乙单元楼梯旋向调整与甲单元一致

图 2-121 的甲乙两个单元的楼梯间的上行下行指引线为对称状态，实际工程中，一栋住宅楼的各单元楼梯旋向通常是一致的，无需设置成对称状态。可以在镜像单元平面图的时候，锁定楼梯图层，让楼梯间踏步图形不参与镜像，然后解锁，再将甲单元的楼梯间踏步图形，复制（CO）到乙单元楼梯间一致的位置上。如果楼梯间踏步图形参与镜像，可再利用"镜像"指令中的删除源对象选项，将乙单元的楼梯图形再镜像回去，下达快捷键"MI"或单击工具栏图标，人机对话如下：

命令：_MIRROR

选择对象：指定对角点：找到 53 个（虚框框选乙单元楼梯间踏步和上下指引线标注）

选择对象：（回车确认，对象选择完成）

指定镜像线的第一点：（在⑬轴线上捕捉 1 点）指定镜像线的第二点：（在⑬轴线上再捕捉 1 点，或者正交状态下，图形空白处任意拾取一点，⑬轴线为乙单元楼梯的对称线）

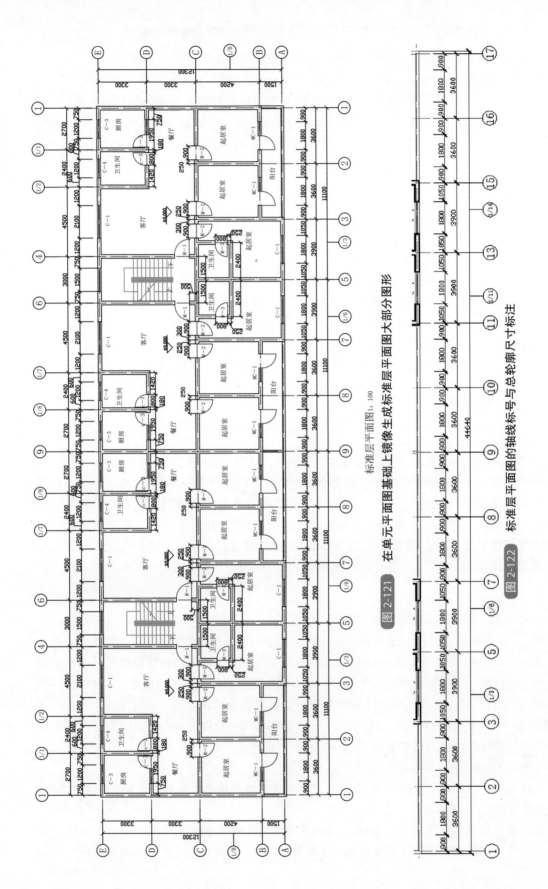

标准层平面图 1：100

图 2-121 在单元平面图基础上镜像生成标准层平面图大部分图形

图 2-122 标准层平面图的轴线标号与总轮廓尺寸标注

要删除源对象吗？［是（Y）/否（N）］<N>：Y（此前 MI 指令，都是直接回车，默认尖括号中 N 选项，这样镜像线两侧都有图形，而此处输入 Y 选项，即原有图形被删除，只产生镜像之后的图形，同时退出指令对话过程。这样乙单元的楼梯间踏步图形，包括上下指引线，以及文字标注，恢复为与甲单元完全一致的效果）

2.10.1.4 楼层和楼梯休息平台的标高标注

根据图 2-4 立面图所示，本项目 A 的楼层数为 5 层，根据图 2-3 楼梯间平面详图所示，关于项目 A 的应该绘制四张楼层平面图，包括底层平面图、二层平面图、标准层平面图、顶层平面图，其中标准层平面图涵盖三层和四层平面图，即标准层标高包括三层和四层的标高。用"Dt"和"ED"等指令的配合，完成标准层平面图的标高数字的修改，包括客厅和楼梯间中间休息平台的标高，如图 2-123 所示。

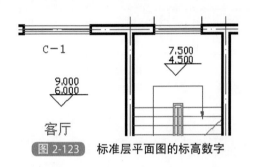

微课 40

由单元平面图绘制
标准层平面图

图 2-123　标准层平面图的标高数字

至此达成目标图形，即图 2-1 标准层平面图的绘制任务。

2.10.2　绘制底层平面图的散水，完善楼梯踏步细节

在标准层平面图的基础上，绘制与其大致相似的底层平面图，能够充分体会 CAD 相对传统手工绘图的快捷性。如果将标准层平面图和底层平面图集中绘制在同一个图形文件下，直接"CO"指令，将标准层平面图所有对象在绘图窗口适当位置完整地复制下来，然后修改底层平面图与标准层平面图不一致的图形即可。本书分开绘制各层平面图，打开图 2-1 的图形文件后，下达"另存为"（Saveas）指令，文件命名为：底层平面图。比较图 2-1 和图 2-2 的差异，底层平面图需要进行以下图形修改和细节完善。

2.10.2.1 绘制底层散水图形

遵循建筑施工图规范，散水图形绘制在建筑底层平面图上。三个步骤，完成散水图形：首先创建"散水"图层，颜色：橙色；线型：默认为连续线；线宽：默认 0，当前图层调整为散水；接下来"移动"（M）指令，在正交状态下，将平面图外部的尺寸标注和定位轴线编号向外移动 1000，给散水图形腾出空档，为了防止移动选择对象时，不小心框选到定位轴线和墙体图形，在移动之前先锁定轴线和墙体图层，如图 2-124 所示；最后下达"矩形"指令（Rec），捕捉平面图外墙轮廓的矩形两个对角线的角点，即完成平面图外墙轮廓的描绘，然后下达"偏移"指令（O），选择刚刚绘制的矩形，偏移距离为 1000，向外偏移生成散水轮廓线，下达"直线"指令，绘制散水在每个墙角转弯处的转折线，最后用"删除"指令（E），将描绘外墙轮廓的矩形删掉，如图 2-125 所示。

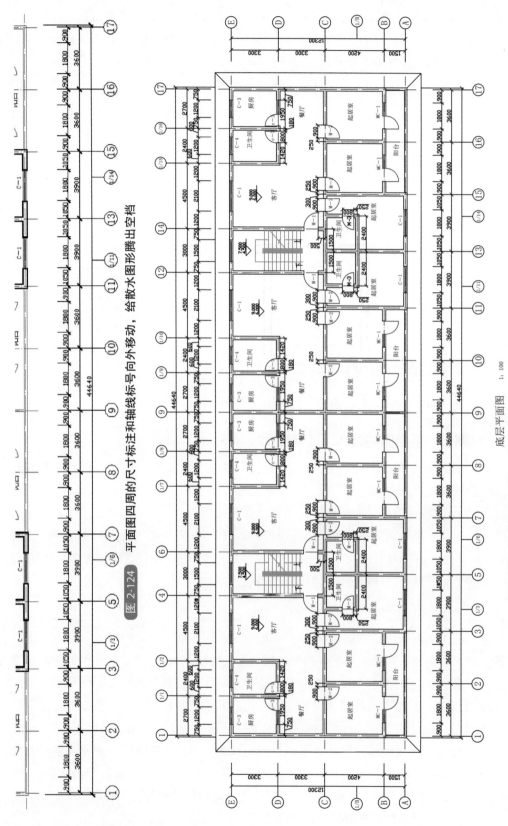

图 2-124　平面图四周的尺寸标注和轴线标号向外移动，给散水图形腾出空档

图 2-125　矩形描绘外墙轮廓，偏移生成散水轮廓，直线绘制墙角转折线

底层平面图　1:100

特别提醒　本项目 A 的平面图外墙轮廓恰好是一个简单的矩形图形，所以可以直接运用矩形指令来描绘外墙轮廓。如果建筑平面轮廓是一个相对复杂的多边形，则需要"多段线"（PL）指令（而不是直线指令 L）来描绘外墙轮廓，"多段线"（PL）是整体对象，可以通过"偏移"（O）指令，非常方便地一次性向外偏移生成与外墙轮廓相平行的散水图形，如图 2-126 所示。

2.10.2.2　修改图名和标高

下达"文字编辑"（ED）指令，将图名修改为底层平面图，同时修改客厅的地面标高数字为 ±0.000，建筑施工图通常选择底层室内最主要地面为相对标高的基准，即零标高。单元大门外的地面标高等于客厅地面标高。楼梯间地面标高数字为 -0.450，相对室内客厅地面下降 3 个踏步，踏高取 150mm；本住宅楼四周的室外地坪等高地势，所以平面图的四个角落的室外地坪标高数字均标注为 -0.600，相对于楼梯间地面再降一个踏高，通过坡道过渡。底层平面图的各处标高数字，如图 2-127 所示。

微课 41

绘制散水及标高编辑

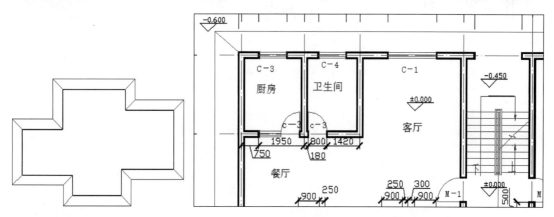

图 2-126　PL 描绘复杂外墙轮廓，然后偏移生成散水

图 2-127　底层平面图的标高数字

2.10.2.3　绘制单元出口的坡道图形

室外地坪和楼梯间地面相差 150mm，本案在单元出口处设置坡道过渡。首先下达"删除"（E）指令，删除楼梯间外墙上的窗户，然后下达"拉伸"（S）指令，连同图形和尺寸同时选中（参考图 2-98），将目前 1500mm 洞口向两侧各拉伸 300mm，即单元大门的洞口宽度为 2100mm。接下来下达"矩形"（REC）指令，第一个角点捕捉④轴线与外墙Ⓔ轴线外侧轮廓线交点，第二个角点输入相对坐标"@3000，1500"，即绘制 3000×1500 的矩形，然后下达"直线"（L）指令，第一点捕捉矩形外侧的角点，第二点捕捉门洞口的角点，绘制 2 条对称的斜坡面的交线。最后下达"修剪"（TR）指令，选择矩形为边界，将穿过坡道的散水直线段修剪掉。这样便绘制完成甲单元出口的坡道，如图 2-128 所示。乙单元需要重复洞口的拉伸过程，坡道图形直接复制即可。

2.10.2.4　修改楼梯间踏步图形

底层楼梯间看到下行的两个踏步（3 个踏高）的投影和若干个上行踏步的投影。在现有完整楼梯踏步投影基础上，先下达"修剪"（TR）指令，以倾斜分界线为边界，修剪上段梯井和扶手的图形，然后下达"删除"（E）指令，将剩下的多余图形删除，再通过"延伸"（EX）指令和"直线"（L）指令的配合，补绘一些零星的线段，最终整理出底层楼梯间的踏步图形，如

图 2-129 所示。只需要认真仔细地完成甲单元的踏步投影，乙单元先删除原有踏步图形，然后复制甲单元的踏步图形即可（如果重复甲单元的修改整理过程，那就停留在手工绘图的思维状态）。

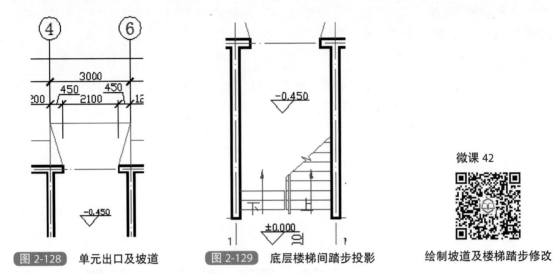

图 2-128 单元出口及坡道　　　　图 2-129 底层楼梯间踏步投影　　　　微课 42　绘制坡道及楼梯踏步修改

至此完成目标图形，即图 2-2 底层平面图的绘制任务。

2.10.3 项目补充训练

2.10.3.1 绘制项目B标准层平面图和底层平面图

目标图形如图 2-6、图 2-7 所示，绘图步骤及指令选用，与本任务基本一致。图 2-119 的单元平面图的镜像生成标准层平面图，复制标准层平面图，修改有关细节便是底层平面图。

2.10.3.2 项目测验题

一、选择题

（1）底层平面图与标准层平面图存在以下（　　　）差异。（多选题）

A. 底层绘制散水，标准层无需绘制散水

B. 底层仅需标注本层标高，标准层必须多层标高

C. 主楼梯底层仅有上行指引，标准层包括上行下行指引

D. 定位轴线编号分布明显不同

（2）某建筑室外地坪相对底层主要活动地面高度下降 600mm，则地坪标高标注是（　　　）。

A. ± 0.000　　　　　　　B. 0.600　　　　　　　C. -0.600　　　　　　　D. 6.000

二、填空题

（1）建筑平面图通常包含底层平面图、_____、顶层平面图。

（2）某建筑平面图包含两个完全对称的单元平面图，单元平面图开间轴线最大编号为⑪，则该建筑平面图开间最大轴线编号是_____。

（3）CAD 修改图形的长度，如果采用_____指令可以实现图形和尺寸的联动。

三、判断题（正确在括号内打"√"，错误在括号内打"×"）

（1）平面图几个单元的楼梯的旋向通常保持一致。（　　　）

（2）底层平面图外墙轮廓线不是矩形形状，而是多边形，则通常使用多段线（PL）指令描绘轮廓线，然后偏移（O）指令向外整体生成散水图形。（　　　）

（3）底层平面图只看到主楼梯上行指引线，不可能看到其余梯段下行的指引线。（　　　）

（4）新图与已有图形比较相似，CAD 一般先另存为已有图形，然后进行局部修改，快速完成新图的绘制，这是手工绘图无法比拟的 CAD 绘图优越性。（　　　）

2.11　任务 10　绘制楼梯平面详图

训练内容和教学目标

绘制 A 户型住宅楼的楼梯平面详图（图 2-3），包括四层楼梯平面详图，掌握图案填充 Hatch（H）、比例 Scale（SC）等指令对话过程要领。

新学指令工具栏图标见图 2-130 标注。

2.11.1　由标准层平面图截取楼梯踏步图形并完善细节

打开图 2-1（标准层平面图）的图形文件后，单击【另存为】按钮，文件命名为：楼梯平面详图。下达"复制"（CO）指令，虚框选择甲单元楼梯间踏步及周边墙体图形，虚框范围如图 2-131 所示，在空白处复制框选对象，即截取复制得到标准层楼梯平面详图的草图，如图 2-132 所示。

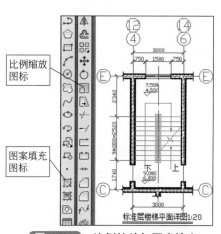

图 2-130　比例缩放与图案填充
等指令图标

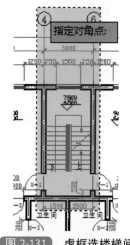

图 2-131　虚框选楼梯间
踏步等图形

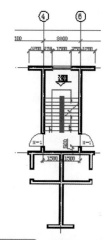

图 2-132　标准层楼梯平面
详图的草图

删除整个标准层平面图的原图，专注于楼梯平面详图的草图修改。首先绘制一个矩形，矩形之内为最终详图需要保留的图形，如图 2-133 所示，然后下达"修剪"（TR）指令，边界为矩形，在边界之外拾取需要修剪的对象，用"删除"（E）指令，删除多余的尺寸标注和圆弧门等图形，如图 2-134 所示。接下来细节补充和完善。首先进行楼梯踏步进深方向的尺寸标注，包括楼梯踏步的定位尺寸和定形尺寸，其中 9 个踏步总宽度尺寸 2520（定形尺寸），用"特性"（MO）指令中的文字替代修改为"9*280 ＝ 2520"形式。其次标注四周墙体的定位轴线标号，轴线编号④与⑫、⑥与⑭重叠标注，表明甲乙两个单元楼梯间详图投影完全相同，阅读详图四周的轴线编号，能够明确详图与平面图的位置对应关系。最后进行标高和图名的标注，对应休息平台标高 4.500 和 7.500，增加标准层楼层标高数字 6.000 和 9.000，用"多行文字"（MT）命令标注图名为"标准层楼梯平面详图 1：20"等，结果如图 2-135 所示。

微课 43

由标准层平面图截取
标准层楼梯平面详图

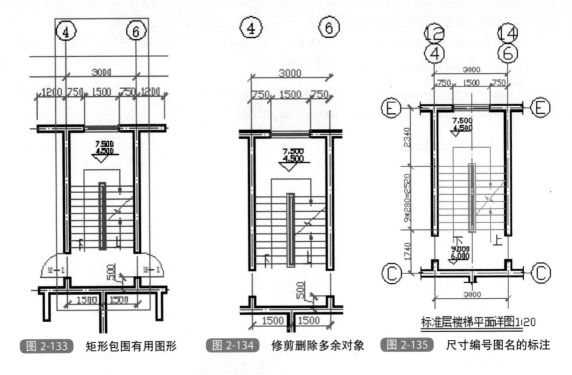

图 2-133　矩形包围有用图形　　　图 2-134　修剪删除多余对象　　　图 2-135　尺寸编号图名的标注

2.11.2　楼梯间周边墙体剖面的阴影填充

详图出图比例比平面图出图的要大，在平面图上省略的墙体断面阴影线，在详图上一般需要绘制出来。阴影线不需要像手工绘图那样一笔一划绘制出来，CAD 可以通过图案填充指令快速实现。建筑立面图经常会出现墙面和屋顶的砖瓦图案，装饰平面图上经常会出现地面装饰地砖图案，如图 2-136 所示，这些图形均可图案填充实现。图案填充之前，最好形成封闭的图案填充边界，目前楼梯间平面详图上的墙体端部是开放的，运用"多段线"（PL）指令，绘制折断线，将墙体断口封闭，如图 2-137 所示。折断线画法，如图 2-138 所示，建议用（外部块）（W）指令将折断线保存为外部块，今后使用折断线，用（插入块）（I）指令插入块即可。

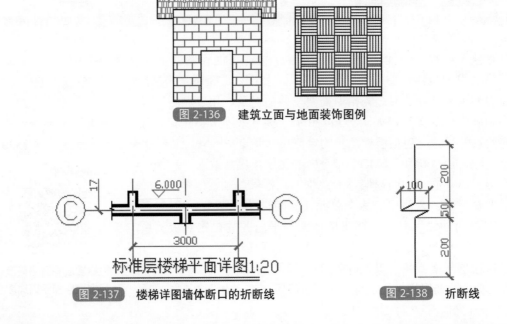

图 2-136　建筑立面与地面装饰图例

图 2-137　楼梯详图墙体断口的折断线　　　图 2-138　折断线

下拉菜单【绘图】→【图案填充】，或单击"绘图"工具栏 图 图标，或命令行快捷键：H，回车，出现图案填充对话框，主要有三个步骤，如图 2-139 所示。注意可以一次性在多个封闭区域拾取点，再返回对话框，先估计一个大概的填充比例，再单击【确定】按钮，返回绘图窗口，观察图案的填充密度是否适当，过大和过密，执行对话框所示的第 3 步。楼梯间平面详图的墙体封闭区域中的图案填充，如图 2-140 所示。

图 2-139　图案填充对话框中的三句对话

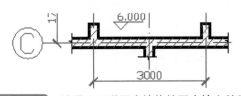

图 2-140　楼梯平面详图中墙体的图案填充效果

微课 44

标准层楼梯平面详图的细节完善

如图 2-136 所示的图案填充，步骤与上述完全相同，只是第 1 步的图案选项板中要选择"其他预定义"中相关的砖墙图案和屋顶瓦图案，如图 2-141 所示，第 3 步中要选择适当的填充比例而已，请大家自行练习。

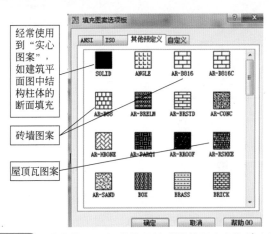

图 2-141　建筑施工图经常使用的"其他预定义"填充图案

2.11.3 复制生成其余楼梯间平面图并完善相关图形细节

在标准层楼梯间平面详图所有细节均完善到位的基础上，运用"复制"（CO）指令，复制生成其余三个楼梯间平面详图的图形，然后分别修改每个图形与标准层楼梯间平面详图不同的地方。首先是"文字编辑"（ED）指令，将图名修改到位。其次是修改每层楼梯间的踏步分布，底层楼梯踏步参考图 2-129，底层外墙门洞口修改过程参考底层平面图的绘制过程。有关二层楼梯踏步的分布，如图 2-3 所示，两跑楼梯的踏步不同，分别为 6 个踏步和 12 个踏步，总踏步数与标准层 18 个踏步数相同，这样调整的目的是保证底层与二层之间的楼梯休息平台之下的净空高度符合规范，不至于底层进户时，人的头顶碰撞到休息平台。顶层楼梯踏步不要修改，只需要删除上行指引线，另外右侧添加安全挡板图形即可。最后是修改尺寸标注、标高标注等。至此完成图 2-3 楼梯间平面详图的绘制任务。

2.11.4 缩放与主图同一图纸中的详图，并进行标注样式替代

项目 A 楼梯间平面详图没有与平面图绘制在同一张图形文件之中，依然"按照图形尺寸 1∶1 绘图"即 CAD 绘图惯例进行，在打印出图时，再设定楼梯间平面详图打印的出图比例，详见"2.13 任务 12"讲述。详图有时候与索引的主图绘制在同一张图纸中，如图 2-142 所示，某楼梯 1-1 剖面图中有三个节点详图，从详图索引符号就可以判断三个节点详图就在本图之中，其中节点 1 为踏步断面详图。这种情况下，主图可以"按照图形尺寸 1∶1 绘图"，但是详图就必须采用相对主图的放大比例绘制，这样才能够看得清楚节点细节。如图 2-142 所示，主图按照尺寸 1∶1 绘图，然后主图上复制提取三个踏步断面图形，用比例 SC 指令将图形放大 5 倍之后，再进行细节修改补充，包括尺寸标注的修改。这样在打印出图时，主图按照 1∶50 出图，详图 1 便会按照 1∶10 出图。

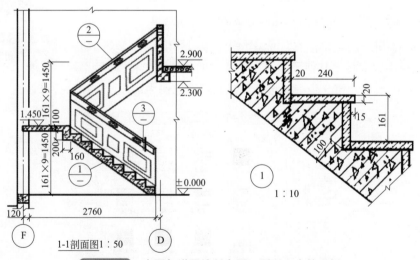

图 2-142 主图与详图绘制在同一图形之中的示例

以图 2-143 为例，进行比例缩放指令的学习。下拉菜单【修改】→【比例缩放】，或单击"修改"工具栏 图标，或命令行快捷键：SC，回车，人机对话如下：

命令：SC

SCALE

选择对象：指定对角点：找到 2 个（虚框选择圆及其直径标注）

选择对象：（回车确认对象选择结束）

指定基点：（对象捕捉直线与圆的切点为缩放基点）

指定比例因子或［复制（C）/参照（R）］<0.5000>：2（输入数字 2，表示缩放比例为 2，将选中的对象放大一倍，同时退出指令对话过程，结果如图 2-144 所示，圆及其尺寸标注均发生变大的效果）

上述 SC 指令对话过程中，仅仅选中直线和圆的一个对象，此时"指定基点"就非常重要，如果对象捕捉的不是直线与圆的切点，而是捕捉的该圆的圆心，缩放比例还是 2，但是缩放的图形结果则是如图 2-145 所示。"比例缩放"（SC）指令中的基点是对象缩放过程中保持不动的一点。比如对图框右下角的"标题栏"进行缩放，希望标题栏变大变小，但是又不希望改变标题栏与图框的位置关系，指定基点就务必对象捕捉标题栏与图框的右下角的角点。

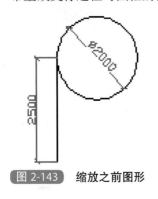

图 2-143　缩放之前图形

图 2-144　缩放基点为
直线与圆的切点

图 2-145　缩放基点为圆心

特别提醒　SC 指令与 Z 指令，虽然视觉上图形都有变大变小的效果，但是性质完全不同。Z 指令是将图形拉近拉远，仅仅是视觉上变大变小，但是物体尺度没有变化，尺寸标注不发生改变。SC 指令在视觉上图形变大变小的同时，物体的真实尺度也在变大变小，即尺寸标注测量的数据发生相应的变化。

详图与主图在同一张图纸之中，详图相对主图是放大比例，但是尺寸标注数值不允许放大，此时就必须进行标注样式的替代设置。下达 D 指令，出现标注样式管理器，选择主图运用的标注样式，再单击其中的【替代】按钮，进入标注样式细节修改的页面对话框，选择其中的"主单位"页面，如图 2-146 所示，将其中的"测量单位比例的比例因子"，由默认的 1，修改为 1/X，X 为详图相对主图的放大比例，然后返回标注样式管理器，这时候主图标注样式就会出现"样式替代"，即临时标注样式，将其"置为当前"，对详图重新尺寸标注，详图标注数值就不会随图形放大而放大。样式替代只是临时性质，替代任务完成之后，将主样式置为当前，样式替代就会失效，就会从标注样式中消失。还以图 2-143 为例，选中直线和圆及其尺寸标注共 4 个对象，基点捕捉圆心（选中全部对象的情况下，基点可以任意设定），将图形放大 2

图 2-146　测量比例因子设置图

倍，结果如图 2-147 所示，图形及尺寸同时放大 2 倍。将"测量单位比例的比例因子"修改为 1/2（即 0.5），如图 2-146 所示，删除图 2-147 的原有尺寸标注，重新进行样式替代标注，结果如图 2-148 所示，即图形放大一定倍数，但是尺寸标注按照放大倍数的倒数进行缩小标注，即尺寸数字与放大之前保持相同。

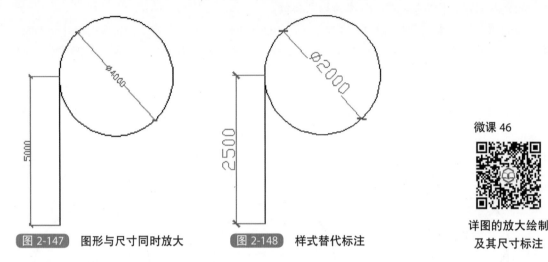

图 2-147　图形与尺寸同时放大　　　　图 2-148　样式替代标注

微课 46

详图的放大绘制
及其尺寸标注

2.11.5　项目补充训练

2.11.5.1　补绘项目A其他平面图

参考底层、标准层平面图、楼梯平面详图，补绘项目 A 二层平面图和顶层平面图。

2.11.5.2　绘制项目B楼梯平面详图

目标图形如图 2-8 所示，绘图步骤及指令选用，与本任务完全一致。

2.11.5.3　项目测验题

一、选择题

（1）CAD 图案填充对话框（H）通常包含（　　　）等基本操作。（多选题）

A.填充图案选择　　　　B.填充比例确定　　　　C.填充角度确定　　　　D.填充区域选择

（2）标注 ±0.000 标高，其中 ± 的特殊文字输入（　　　）。

A.%%C　　　　　　　B.%%D　　　　　　　　C.%%P　　　　　　　　D.%%U

（3）详图与主图同图打印，详图相对主图放大 N 倍绘制，详图的尺寸标注采用样式替代，此时尺寸标注样式对话框中"主单位"页面中测量比例数字是（　　　），这样才能够保证详图尺寸数字与主图保持一致，也就是与物体真实尺寸保持一致。

A.1　　　　　　　　　B.N　　　　　　　　　C.1/N　　　　　　　　D.自定义

二、填空题

某 U 型双跑对称的标准层楼梯详图，其踏步分布标注为 9×280=2520，踏步高度为 150mm，则该建筑标准层的层高为_____mm。

三、判断题（正确在括号内打"√"，错误在括号内打"×"）

（1）与平面图保持一致，楼梯平面详图至少包含底层、标准层、顶层三张详图。（　　　）

（2）图形对象整理时，用到修剪和删除两个指令，通常先修剪再删除，这样效率较高。（　　　）

（3）既可以文字编辑（ED）指令修改文字，也可以双击文字对象直接修改。（　　　）

（4）图案填充之前通常需要严格的封闭边界存在，这样方便填充区域的选择。（　　　）

（5）顶层楼梯平面详图通常只有楼梯下行指引线，另外需要增加安全栏杆等图元。（　　　）

（6）某二层楼梯平面图的踏步分布为不对称双跑结构，这是因为需要满足二层休息平台相对底层地面的通行净空尺寸要求。（　　　）

（7）详图索引"⊖"符号，其分母为一条水平直线，表示详图就在本图。（　　　）

（8）比例缩放（SC）指令与复制（CO）和移动（M）等指令对话过程相似，均需要选择对象和指定基点等，比例缩放的基点，表示所选对象相对该固定不动的基点进行缩放。（　　　）

2.12　任务 11　绘制正立面图

训练内容和教学目标

绘制 A 户型住宅楼的正立面图（图 2-4），掌握如何利用三视图正投影规律，从先期完成的图形中提取尺寸信息，快速绘制新图形。

本任务无新学 CAD 指令，为已学指令的综合运用。

2.12.1　创建平立模块，绘制一户立面的门窗

建筑立面图和平面图之间存在"长对正"的投影关系，立面图诸多开间方向的尺寸可以从前期绘制的平面图中测量提取，本任务展开就是基于这一点。打开图 2-1 标准层平面图，关闭除了"墙体"、"阳台"、"门窗"之外的图层，然后用"外部块"（W）指令，选择显示的三个图层所有图形，捕捉图形左下角角点为基点，外部块取名为平立模块，如图 2-149 所示。

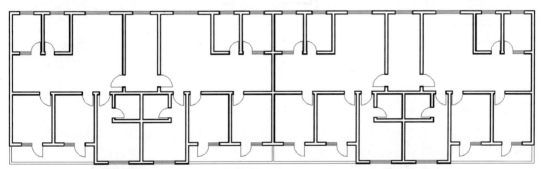

图 2-149　关闭标准层平面图的无关图层，创建"平立模块"外部块

重新启动 CAD，文件命名为：正立面图。首先新建几个图层，图层取名分别为：辅助线、立面门窗、立面阳台、尺寸、文字、轴线、图案填充等，线型除了轴线图层为点划线之外，其余图层均为连续线。图层颜色可以自选，也可以参考平面图的图层颜色，如尺寸图层为绿色等，保持一套图纸之间的图层设置一致性，既有利于设计风格的视觉识别，同时也有利于图形之间的复制借用等。其次下达"插入块"（I）指令，插入平立模块，插入点在绘图窗口任意拾取一点，插入比例默认为1，插入角度为0。然后下达 Z 指令，选项 A，将平立模块图层全部显示在绘图窗口，运用"移动"（M）指令，将图形移动到坐标系第一象限的适当位置。

调整当前图层为辅助线，下达"直线"（L）指令，在靠近平立模块图形的左下侧的空白处，绘制一根长度约为12000mm（略为超过户型图的总开间尺寸）正交水平的辅助线，然后用"偏移"（O）指令，偏移两根辅助线，距离分别为 1500 和 2400，如图 2-150 所示。接下来在距离1500mm 的两根辅助线之间绘制一户的立面窗户图形，在距离 2400mm 的两根辅助线之间绘制

一户的立面门图形，即一户的门和窗顶部平齐，窗户高度为1500mm，门的高度为2400mm。

　　调整当前图层为立面门窗，在正交（F8）、对象捕捉（F3）、对象追踪（F11）三个辅助功能全都打开的状态下，重复下达"直线"（L）指令，每根直线的第一点，均在平立模块的左下侧门窗洞口的边缘端点上停顿一下，出现特征点之后，向下移动追踪到最上面的第一根辅助线交点上，第二点或是捕捉第二根辅助线的垂足，满足窗户的高度尺寸，或捕捉第三根辅助线的垂足，满足门的高度尺寸，如图2-151所示。

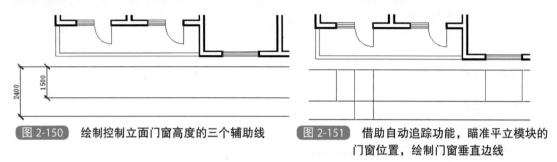

图 2-150　绘制控制立面门窗高度的三个辅助线　　　图 2-151　借助自动追踪功能，瞄准平立模块的门窗位置，绘制门窗垂直边线

　　接下来暂时关闭"辅助线"图层，下达"直线"（L）指令，分别绘制门窗上下水平边线，如图2-152所示。通向阳台有两个尺寸规格完全相同的门连窗，目前仅需要绘制其中一个门连窗图形，待这个门连窗的图形细节全部完成后，再"复制"（CO）生成另外一个门连窗（这就是CAD绘图思维，能够复制生成的图形，就不需要一笔一划的绘制）。

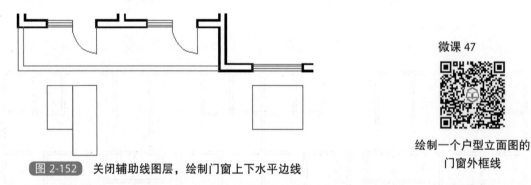

微课 47

绘制一个户型立面图的门窗外框线

图 2-152　关闭辅助线图层，绘制门窗上下水平边线

　　当前图层调整为0图层，在0图层上创建立面窗的外部块图形。下达"矩形"（REC）指令，在空白处绘制1000×1000的矩形，下达"偏移"（O）指令，将矩形向内偏移60，形成窗户外边框。下达"分解"（X）指令，将两个矩形分解，再下达"偏移"（O）指令，将窗户顶线向下偏移300，生成亮子窗的分隔线，下达"直线"（L）指令，第一点捕捉亮子窗分隔线的中点，第二点捕捉窗户底线的中点，形成窗户垂直分隔线。再下达"偏移"（O）指令，将亮子窗分隔线上下偏移30，将窗户垂直分隔线左右偏移30，形成窗户内框。下达"修剪"（TR）指令，选择刚刚绘制的全部窗户图形为修剪边界，最后单击不需要的线段（哪里不需要点哪里），这样便绘制好一个1立方米的立面窗户图形，具体绘图步骤，如图2-153所示。接下来用"外部块"（W）指令，选择刚刚绘制好的立面窗户图形，插入基点一定要捕捉1000×1000矩形的一个角点，块命名为"立面窗"，这样便完成了立面窗外部块的创建任务，除了本图的立面窗户可以使用该外部块，今后其他立面图的窗户也可以使用该外部块（充分发挥外部块的使用价值）。

　　当前图层调整为立面门窗，下达"块插入"（I）指令，门连窗的窗户为900×1500，即块插入的比例X=0.9，Y=1.5，旋转角度默认为0，插入点，捕捉已经绘制好的窗户矩形的角点上，即完成门连窗的立面图形，"块插入"对话框参数填写参考图2-36。重复（插入块）（I）

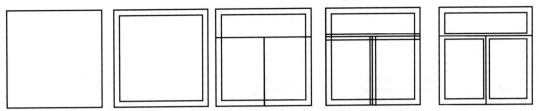

图 2-153 运用矩形、偏移、分解、修剪等指令绘制 1 立方米的立面窗户然后创建外部块

指令，另外一个窗户为1800×1500，即插入的比例X=1.8，Y=1.5，这样便完成2个立面窗户的图形，如图2-154所示（现在应该能够理解"为什么绘制1000×1000窗户图形创建块，而不是其他随意的尺寸？"，原来这样可以方便简化块插入时，精确计算X和Y两个方向的插入比例）。还有一点也需要特别强调，在0图层创建的块，在其他图层上插入时，其对象的颜色线型是随层而不是随块。

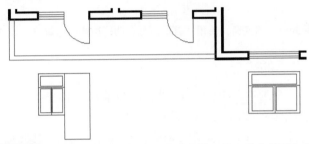

图 2-154   插入立面窗外部块，分别计算 X 和 Y 方向的插入比例

接下来绘制门的亮子窗以及门的边框分隔线等，注意偏移复制的距离或是 60 或是 30，与窗口分隔线的细节保持一致，最后也是用"修剪"（TR）指令修剪多余的线段，其指令运用过程与窗块绘图的过程非常相似，这里就不再赘述，结果如图 2-155 所示。

门上部和中部，可以选用采光较好的玻璃等材料，但是门的下部则应该选用强度较好的铝合金条状材料，防止人和物品的撞击，为了区别材质的不同，在门的下部封闭区域内进行图案填充，填充对话框的参数填写过程参考图 2-139，建议本案的填充图案选择"ANSI31"，比例为 15，填充角度为 45°，结果如图 2-156 所示。ANSI31 图案本身是 45° 倾斜的平行线，填充角度 0° 改为 45°，结果就变成垂直的平行线了，填充比例 15 是几次尝试的结果，线条密度适当即可，也可先填充，后右键编辑图案，修改填充的比例。

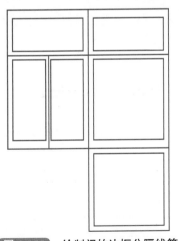

图 2-155   绘制门的边框分隔线等

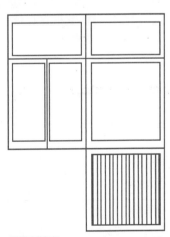

图 2-156   门下部材质图案填充

在一个门连窗所有细节都完成的基础上，下达"CO"指令，复制生成通向阳台的另外一个门连窗，注意复制图形的定位，要利用自动追踪功能，必须保证复制的图形与"平立模块"门连窗完全对齐，如图 2-157 所示，至此完成一户的立面门窗图形。

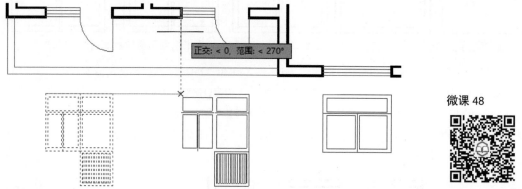

正交: < 0，范围: < 270°

微课 48

图 2-157　复制生成另外一个门连窗，使用"自动追踪"功能进行图形定位

绘制一个户型立面图的
门窗分格线

2.12.2　绘制一户立面的阳台

打开辅助线图层，暂时关闭立面门窗图层，当前图层调整为"立面阳台"图层。阳台栏板高度即阳台顶线相对楼层地面的高度为 1100mm，阳台封边梁即阳台底线相对楼层地面下降 300mm，楼层地面与刚刚绘制的门的底线平齐，也就是与第三根辅助线平齐。用"偏移"（O）指令将第三根辅助线分别向上偏移 1100，向下偏移 300，如图 2-158 所示，再用 E 指令，删除原先的三根辅助线。接下来就在距离为 1400mm 两根辅助线之间，绘制立面阳台的图形，通过辅助线的转换，事实上也就控制了门窗和阳台的上下相对位置。

与绘制立面门窗过程相似，重复下达"直线"（L）指令，借助自动追踪功能，瞄准平立模块的阳台开间方向的左右端点，绘制立面阳台的左右垂直轮廓线，如图 2-159 所示。删除两根辅助线，重新绘制阳台的水平方向顶线和底线。下达"偏移"（O）指令，将阳台底线向上偏移 300，生成楼层地面线，将阳台顶线向下偏移 100 生成水平扶手线，再将楼层地面线向下偏移 100 生成楼板线，用"直线"（L）指令，绘制中心栏杆线，起点和结束点捕捉水平扶手线和楼层地面线的中点，如图 2-160 所示。接下来用"阵列"（AR）指令，矩形阵列，选择中心栏杆线，1 行 10 列，列距离 150，阵列生成中心栏杆线右侧的栏杆线。用"镜像"（MI）指令，选择右侧 9 根栏杆线，镜像生成左侧 9 根栏杆线，当然这一步也可重复"阵列"（AR）指令，列距离改为 -150 即可。至此完成立面阳台及栏杆的图形，结果如图 2-161 所示。

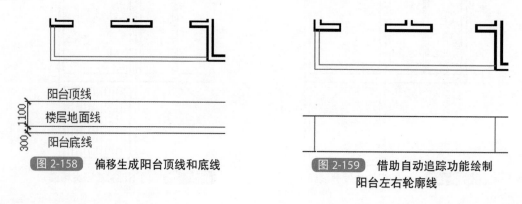

阳台顶线
楼层地面线
阳台底线
1100
300

图 2-158　偏移生成阳台顶线和底线

图 2-159　借助自动追踪功能绘制
阳台左右轮廓线

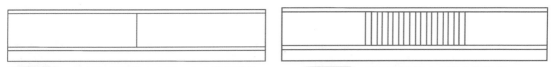

图 2-160 绘制阳台顶线、底线、中心栏杆线等　　图 2-161 阵列和镜像生成阳台栏杆线

打开立面门窗图层，门窗与阳台有部分重叠的图形，除了栏杆空隙看得见的需要保留，被阳台实体遮掩的部分需要清除，如图 2-162 所示。先下达"分解"（X）指令，将门窗图块分解（块图形必须分解，才能够进行修剪编辑等），下达"修剪"（TR）指令，选择适当的修剪边界，将门窗多余的线段修剪掉，最后用"删除"（E）指令，将无法通过修剪去除的多余线段删除掉。

当前图层调整为墙体，下达"多段线"（PL）指令，绘制阳台上方看得见的两侧墙体轮廓线，设置线宽为 50，起点捕捉阳台顶线的两个端点，多段线的长度为 1900（即层高 3000 减阳台高 1100）。至此完成一户的立面门窗、立面阳台的图形，结果如图 2-163 所示。

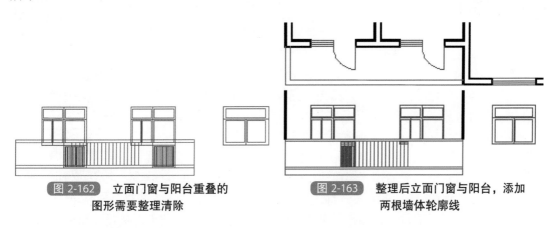

图 2-162 立面门窗与阳台重叠的
图形需要整理清除

图 2-163 整理后立面门窗与阳台，添加
两根墙体轮廓线

2.12.3　镜像和阵列生成正立面图框架，并补绘立面图轮廓线

在图 2-163 的基础上，通过镜像和阵列指令，可以快速生成两个单元共五层的住宅楼正立面图的框架。先下达"镜像"（MI）指令，对象选择立面门窗和阳台图形，平立模块⑤轴线为镜像线，先在平立模块图形下端捕捉一段墙体轮廓线的中点（对应⑤轴线的位置），在正交状态下，在空白处单击确定第二点即可，回车，默认不删除源对象（尖括号中的 N 选项），便生成一单元一层的立面图，如图 2-164 所示。

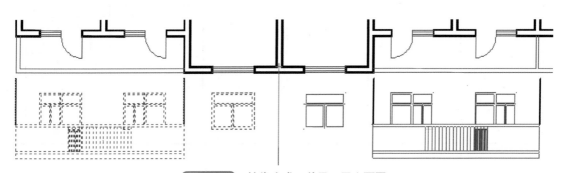

图 2-164 镜像生成一单元一层立面图

下达"阵列"（AR）指令，默认矩形阵列，选择一单元一层立面图，命令行对话参数应答为 5 行 2 列。行距离输入 -3000（层高 3000mm，负号表示向下排行，与目前平立模块图形不发生重叠，少了将平立模块图形向上移动的一步操作）。列距离输入 22200（为①轴线到⑨轴线的开间尺寸）。便生成五层两单元的整体的正立面图框架，如图 2-165 所示。

图 2-165 阵列生成五层两单元的正立面图框架

接下来补绘立面图框架轮廓线，结果如图 2-166 所示。当前图层为墙体。先用"直线"（L）指令，捕捉左右两端轮廓线上端点，绘制水平线 1，即顶层屋顶楼板线；"偏移"（O）指令，将水平线 1 向上偏移 1200，生成水平线 2，即女儿墙顶线，向下偏移 15600，即室外地坪线，15600 根据底层平面图室外地坪标高 -0.600 推算而来。然后用"多段线"（PL）指令，线宽 50，绘制垂直线 1 和垂直线 2，各 6 条。将地坪线夹点编辑拉伸，向左右两端各拉伸延长 1000。最后用"多段线编辑"（PE）指令，将女儿墙顶线和地坪线转变为多段线，线宽分别为 50 和 70，这一点与制图规范要求保持一致，即立面图外轮廓线为 $1b$ 粗实线，地坪线为 $1.4b$ 特粗实线。

微课 49

绘制一个户型立面图的阳台并阵列生成正立面图框架

水平线1顶层屋顶楼板线　水平线2女儿墙顶线　垂直线2顶层墙体轮廓线

水平线3室外地坪线　垂直线1底层院墙轮廓线

图 2-166 正立面图框架轮廓线的绘制和线宽编辑

2.12.4　立面图砖墙图案填充，并标注标高和图名等

删除不再需要的平立模块的图形，接下来进行立面的砖墙图案填充和有关立面图标高及图名标注。当前图层调整为"填充"，为了图案填充的顺利实施，需要两个准备工作：一是下达"矩形"（REC）指令，捕捉图 2-166 所示的"具有 10 个窗户图块"的矩形区域的对角点即可，这样能够确保填充边界的封闭性；二是下达"分解"（X）指令，将 2 个区域中共20 个窗户选中，这样窗块图形被分解，填充指令不能够识别"块"对象作为填充边界。被分解的窗户图块，其颜色恢复为 0 图层颜色，可以通过"属性匹配"（MA），刷回所希望的图层颜色。

"填充"（H）指令进入填充对话框（参考图 2-139，需向右展开），如图 2-167 所示，图案选择其他预定义中"AR-B186"，比例建议填写为"1.5"，图案密度比较适中。注意，孤岛检测模式，之前默认为"普通"，此处更改为"外部"，这样图案填充就能够避开窗户内部，再返回绘图窗口，在 2 个填充区域的窗户外部空白处各单击拾取一点，返回对话框，单击【确定】按钮，便完成立面砖墙图案的填充，结果如图 2-168 所示。有关孤岛的涵义，从图 2-167 所示的孤岛显示样式，可以直观地了解其填充效果。为了对比两者效果的差异，图2-168 所示的两个区域，左侧的孤岛样式为"外部"，其填充效果覆盖不到窗户内部，而右侧的孤岛样式为"普通"，所以填充效果覆盖到窗户内部，很显然这不是所希望的效果，用"删除"（E）指令，可以选中图案将其删除，图案为整体对象，一般情况下不要分解它。

图 2-167　正立面图砖墙图案填充对话框，其中孤岛显示样式选中"外部"

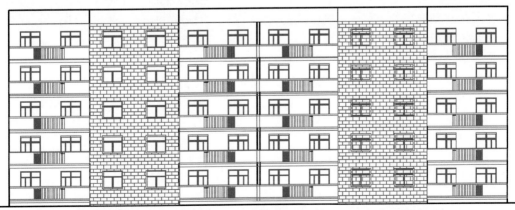

图 2-168　正立面图砖墙图案，以及孤岛"外部"和"普通"的效果对比

立面图的尺寸标注比平面图简洁，主要标注各层楼面、室外地坪、屋顶等主要节点的标高。当前图层调整为"编号"图层，用"插入块"（I）指令导入前期创建好的标高外部块，

首先用"分解"（X）指令分解外部块，然后用"复制"（CO）指令，多重复制标高符号和数字，注意标高符号的顶尖要追踪瞄准到楼层相应的水平线上面，再用"文字编辑"（ED）指令，修改标高数字，具体标高数字，如图 2-169 所示。本项目楼层不多，如果遇到小高层建筑的楼层数特别多，建议用"阵列指令"（AR），矩形阵列，单列 N 行，这样标高标注的效率会明显提高。

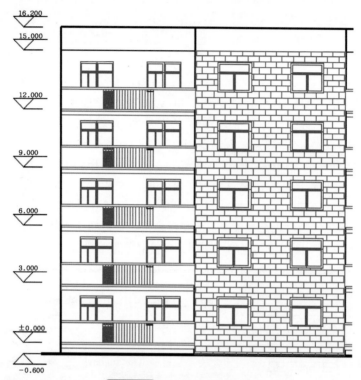

图 2-169 立面图标高的标注

最后一步就是图名标注，根据立面图图名的命名规则，观察者位于底层平面图四周观察立面图，以观察者最左侧轴线编号和最右侧轴线编号进行立面图命名，这样能够将平面图和立面图联系起来。本案正立面图，其图名标注为"①～⑰立面图 1∶100"，附带下划线。同时立面图两侧需要标注轴线编号，即最左侧标注①轴线，最右侧标注⑰轴线，注意轴线一定要相对外墙轮廓线向内偏移 120 的距离，真正落在墙体中心线的位置上。轴线编号可以到平面图上复制提取，也可以插入已经创建好外部块。本立面图轴线编号的圆圈直径建议 800mm。至此完成目标图形，即图 2-4"①～⑰立面图"的绘制任务。

微课 50

完善立面图的细节

2.12.5 项目补充训练

2.12.5.1 绘制项目B的正立面图

目标图形如图 2-9 所示，绘图步骤与上述完全相同，同样是利用长对正投影规律，从平面图中追踪提取门窗相关尺寸，B 户型层高 2800mm，门窗高度参考图 2-10 的门窗表等。

2.12.5.2 补绘项目A的其余立面图

根据目前已有图形，推测绘制⑰～①背立面图、Ⓕ～Ⓐ侧立面图。在已经绘制好正立面图的基础上绘制背立面图，更加方便快捷，除了利用平面图的"长对正"，事实上还可以利用立面图之间的"高平齐"规律绘图。

微课 51

2.12.5.3 补绘项目A的1—1剖面图

本书目前没有涉及建筑施工图平、立、剖、详中的剖面图。从学习 CAD 绘图指令的角度看，无须单独讲解剖面图的绘制。在图 2-2 底层平面图上添加 1—1 剖切符号，剖切位置南北贯通，通过楼梯间一侧踏步的中间位置，观察方向由左向右，借鉴立面图的绘制方法，自行补绘 1—1 剖面图。1—1 剖面图与平面图之间是"长对正"关系，与正背立面图之间是"高平齐"的关系，与侧立面图不仅"高平齐"，还存在"宽相等"的关系。随着已绘图形越来越丰富，后续图形的尺度参考也就越来越方便快捷，很多图形都无须一笔一划重新绘制，很多尺寸无须记忆，可以直接从已有的图形中测量获得。

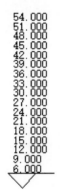

```
54.000
51.000
48.000
45.000
42.000
39.000
36.000
33.000
30.000
27.000
24.000
21.000
18.000
15.000
12.000
9.000
6.000
```

图 2-170　某小高层的标准层
平面图的标高数字

2.12.5.4 更改项目A楼层数，重新快速绘制平面图和立面图

项目 A 为 5 层楼，标准层平面图只包含 3 层和 4 层，标高只需要标注 2 层数字。假设本项目更改为 20 层楼小高层，标准层包含 3 层到 19 层共 17 层。整个平面图布置和楼梯踏步布置，包括立面图门窗和阳台结构与本项目完全相同。请大家课外自行快速绘制相应的标准层平面图和正立面图。

细节提醒：标准层平面图中楼层标高数字必须包含 17 层的标高数字，如图 2-170 所示，选择什么指令组合，可以快捷地完成多层标高数字的标注呢？

2.12.5.5 项目测验题

一、选择题

（1）建筑正立面图和平面图之间符合三视图投影规律中的（　　）。

A. 长对正　　　　B. 高平齐　　　　C. 宽相等　　　　D. 以上均是

（2）某立面图墙体轮廓线线宽为 0.5mm，则该立面图地坪线的线宽为（　　）mm。

A. 0.25　　　　B. 0.5　　　　C. 0.7　　　　D. 1.0

（3）立面图砖墙图案填充时，为了避免填充到窗户内框，填充孤岛检测模式是（　　）。

A. 普通　　　　B. 外部　　　　C. 忽略　　　　D. 任意

（4）立面图最科学的图名命名规则是（　　）。

A. 东、西、南、北　　B. 正、背、侧　　　　C. 两端轴线编号　　　　D. 自定义

二、填空题

（1）在平面图和正立面图基础上绘制背立面图，即可利用平面图和背立面图的长对正，又可利用两个立面图之间的_____，更高效率地绘图。

（2）通常先绘制一户立面图门窗图案，然后通过镜像指令和_____指令，快速生成立面图整体的重复韵律的门窗图案，这是 CAD 绘图高效率的体现。

（3）侧立面图与正立面图符合高平齐投影规律，与平面图则符合_____投影规律。

三、判断题（正确在括号内打"√"，错误在括号内打"×"）

（1）新建图形导入外部块，会将外部块的图层带入新图形。（　　）

（2）下达绘图指令之后，点位自动追踪必须在对象捕捉 F3 和对象追踪 F11 同时打开状态下进行。（ ）

（3）创建外部块的图形通常选择 1000mm 为尺度，便于块插入时的比例计算。（ ）

（4）块的基点可以自由选择块图形的任意点位或图形之外的任意点位。（ ）

（5）可以先图案填充，然后右键编辑图案，尝试适当填充比例和填充角度等。（ ）

（6）阳台栏板高度必须符合安全规范的尺寸要求，通常大于等于 1050mm，如 1100mm。（ ）

（7）修剪指令选择全部对象为边界，然后选择要修剪对象，鼠标是哪里不需要点哪里。（ ）

（8）镜像指令必须提前绘制好对称线，便于对话过程中的对称线选择。（ ）

2.13 任务 12 CAD 出图打印设置

训练内容和教学目标

对项目 A 的目标图形套图框，进行打印设置和虚拟出图，掌握：打印 Plot 或 Print（Ctrl+P）、视口 Vports，复制到粘贴板 Copyclip（Ctrl+C\Ctrl+V）等指令对话要领，同时理解布局空间和模型空间的概念。

有关工具栏图标如图 2-171 标注。

图 2-171 打印、视口、复制到粘贴板的工具栏图标

2.13.1 合并需要打印的图形，给每个图形套用"外部块"图框

打开图 2-1～图 2-4 图形文件（标准层平面图、底层平面图、楼梯平面详图、正立面图），一个 CAD 程序窗口打开了多个图形文件，单击"最大化"和"最小化"按钮，选择显示或隐藏这些图形文件。最大化底层平面图（图 2-2），单击标准工具栏上复制图标（不是 CAD 的 Copy），或者命令行"Copyclip"指令，然后框选底层平面图全部图形后回车，即将底层平面图复制到粘贴板，最大化标准层平面图，单击"粘贴"图标，在绘图窗口空白处，左键拾取一点，将底层平面图所有对象粘贴到标准层平面图的图形文件中。重复这一过程，分别将楼梯平面详图、正立面图，"复制＋粘贴"到标准层平面图的图形文件中，最后文件"另存为"（Saveas），文件命名为：项目 A 打印图形集合。这样便把项目 A 的 4 个目标图形合并到一个图形文件之中，如图 2-172 所示。目前在 CAD 默认的模型空间之中，即 CAD 的绘图窗口，这个窗口再大的图形都是 1∶1 绘制。4 个图形集中在一起并同时看到，每个图形的细节看不清楚。如果要观察其中一幅图形，只需要下达"Z"指令，框选（选项 W）需要观察的图形，即可以将这部分图形拉近观察。

接下来插入外部块图框。A3 图框如图 1-19 所示，运用"矩形"（REC）、"偏移"（O）、"直线"（L）、"文字"（DT）等指令，完成图框与标题栏，"外部块"（W）指令保存为外部块，文件名为 A3 图框，基点选择图框右下角角点。将"项目 A 打印图形集合"当前图层调整为 0 图层，

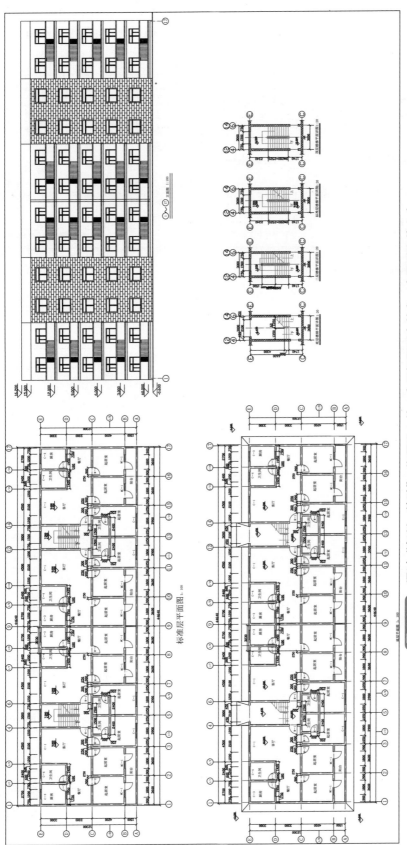

图 2-172　通过"复制＋粘贴"，将项目 A 的 4 个目标图形合并在一个图形文件之中

下达"插入块"（I）指令，在"块插入"对话框中，X 比例 100，勾选统一比例，插入角度为 0，然后在绘图窗口拾取一点，这样便将 A3 图框放大 100 倍，插入到"项目 A 打印图形集合"中，如图 2-173 所示。

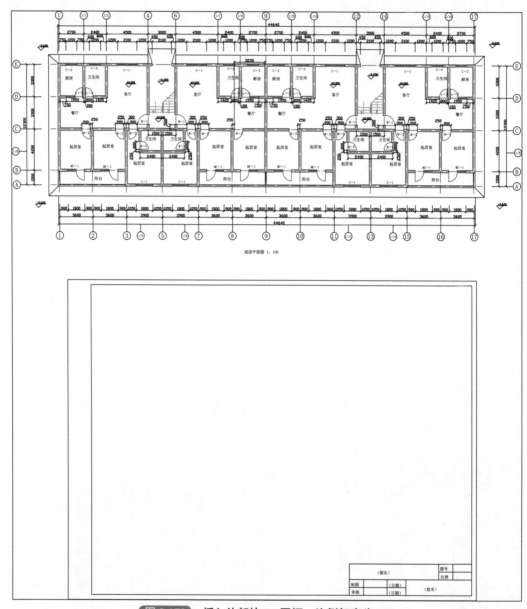

图 2-173　插入外部块 A3 图框，比例初定为 100

　　目测放大 100 倍的 A3 图框与底层平面图尺度不协调，用"分解"（X）指令将图块分解，然后执行"拉伸"（S）指令，正交状态下将图框长度和高度分别拉伸到比底层平面图尺度稍大一些的尺度即可，注意标题栏和边框间隙不参与拉伸。最后用"移动"（M）指令，将底层平面图图形移到图框之中，注意基点选择对称轴线⑨的中点，这样便于目测将图形移动到图框居中的位置上，四周稍留一些空白即可。底层平面图便套上了图框，如图 2-174 所示。重复上述过程，分别给标准层平面图、正立面图、楼梯间平面详图套上图框，具体过程不再赘述。

微课 52

合并项目 A 的目标
图形并套图框

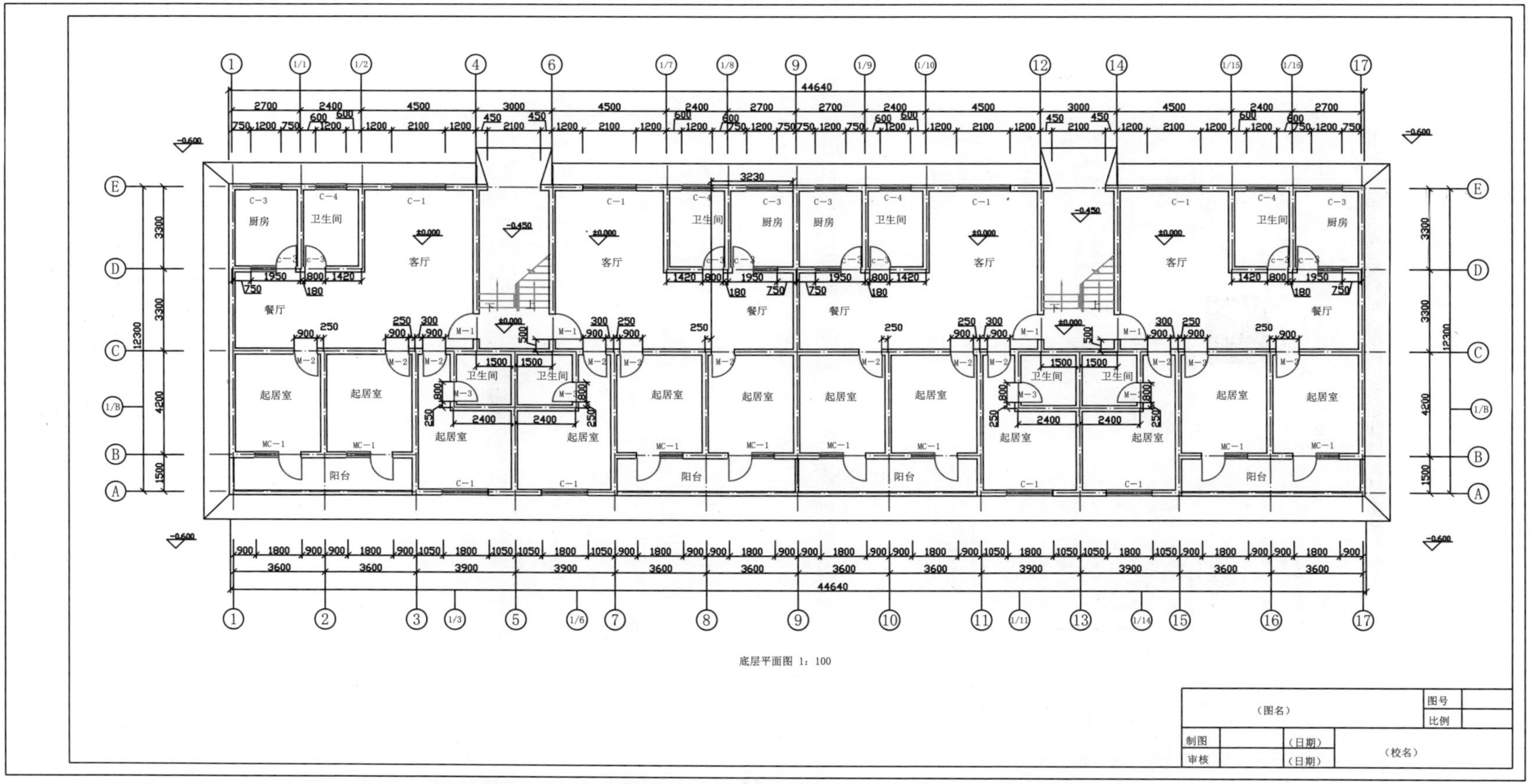

底层平面图 1:100

图 2-174 拉伸调整图框与图形协调,将图形移动到图框居中的位置

2.13.2 在模型空间里进行打印设置，并虚拟出图

套好图框之后，直接在模型空间打印设置。下拉菜单【文件】→【打印】，或单击"打印"工具栏图标，或命令行快捷键：Plot 或 Print，回车，出现"打印设置"对话框，如图2-175所示。

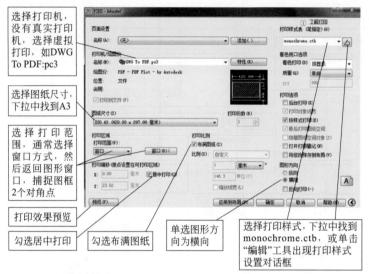

选择打印机，没有真实打印机，选择虚拟打印，如DWG To PDF:pc3

选择图纸尺寸，下拉中找到A3

选择打印范围，通常选择窗口方式，然后返回图形窗口，捕捉图框2个对角点

打印效果预览

勾选居中打印

勾选布满图纸

单选图形方向为横向

选择打印样式，下拉中找到monochrome.ctb，或单击"编辑"工具出现打印样式设置对话框

图 2-175　"打印设置"对话框的常规的基本选择

在"打印设置"对话框中，第一步选择打印机，如果计算机连接真实打印机，可以直接选择真实打印机型号，对学生练习而言，可以选择虚拟打印机，如"DWG To PDF.pc3"，最终输出一个 PDF 格式的文件替代打印结果；打印范围包括"布局"、"显示"、"窗口"等，通常选择窗口方式，返回绘图界面，通过捕捉图框的对角点确定打印范围。勾选居中打印和布满图纸，CAD 便会自动计算打印比例，将图形合理地布置在预选的 A3 图纸上。A3 纸张选择横向布置。打印样式通常选择系统自带的 monochrome.ctb，该样式为单色打印，不管CAD 图层什么颜色，一律默认单颜色打印。单击"打印样式编辑"工具，出现对话框，如图 2-176 所示，可以看到 monochrome.ctb 默认为黑色打印。在此对话框中，单击"编辑线

图 2-176　打印样式设置对话框：monochrome.ctb 默认黑色打印

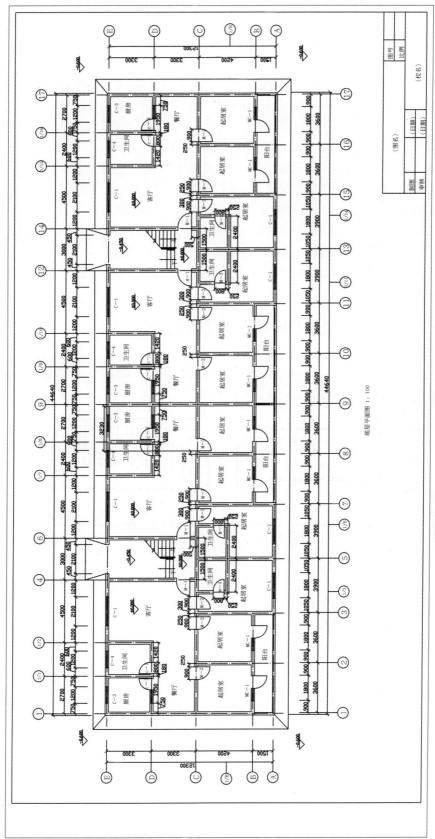

底层平面图 1:100

图 2-177　CAD 导出的 PDF 格式的虚拟打印图

宽"，可以根据对象颜色，设置对象打印的线宽，比如选择白颜色，对应墙体对象，线宽选择为0.2mm，这样打印的结果墙体就是粗实线。在这之前，我们已经"多段线"（PL）加粗墙体轮廓线，所以此处不做任何变更操作，默认monochrome.ctb所有参数。返回"打印设置"对话框，单击【预览】按钮，预览打印效果满意之后，关闭预览图形，返回"打印"对话框，单击【确定】按钮，CAD便会导出一个PDF格式的文件替代打印结果，如图2-177所示。

打印样式分为"颜色相关打印样式表（扩展名.ctb）"和"命名打印样式表（扩展名.stb）"，通常选择前者，根据对象颜色设置打印样式。有关命名打印样式，实际工程中很少应用，除非彩色打印机，并且需要彩色打印，才会需要自定义设置，这里不再赘述。

特别提醒 CAD绘图与手工绘图过程的总体步骤是相反的。手工绘图一定是先确定图幅即图框，然后按照一定的比例绘图，而CAD是先在绘图窗口1：1绘图，等到打印出图时再选择图框。通常按照实际纸张大小的尺寸绘制好图框，保存为外部块，通过插入指令，将需要图框放大一定的倍数，如50倍、100倍、200倍等，以保证图框与图形尺度的协调。出图打印设置，选择相应的纸张规格，居中打印，并铺满图纸，CAD自动计算出图的比例，最终使得整个图形协调地布置在相应规格的图纸上。

微课53

在模型空间进行
虚拟打印出图

2.13.3 在布局空间里套图框和视口设置，并虚拟出图

在这之前，所有的操作均是默认在模型空间里进行，CAD还提供了"布局空间"。CAD绘图窗口左下角的"模型（Model）/布局"选项卡可以在模型空间和布局空间之间切换，两个空间的坐标系图标的形状有所不同，如图2-178所示。

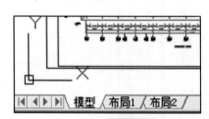
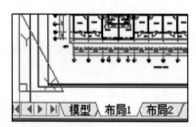

图2-178 模型空间和布局空间的切换

模型空间与布局空间的区别如下：

①模型空间是进行绘图设计工作的空间，在模型空间里，用户可以按照物体的实际尺寸1：1绘制二维或三维模型，启动CAD后，默认空间就是模型空间；布局空间主要用于图形的排布和打印工作。②模型空间的主要功能是绘制图形，在模型空间内只能够单视口、单一比例打印输出图形，如图2-177所示，一次只能够打印一个图形；布局空间是图形打印的主要空间，在布局空间不但可以单视口、单一比例打印输出图形，而且可以多视口、不同比例打印输出图形。③模型空间只有一个，不可以删除；布局空间可以根据需要添加或减少。

删除（E）目前模型空间的四个图形套用的A3图框，然后单击"模型（Model）/布局"选项卡上的布局1，进入布局空间，如图2-179所示，目前布局空间默认显示一张白色的图纸背景存在，默认单视口的存在（视口好比是一个照相机镜头，可以看到模型空间的所有图形，也可以重点观察某些图形）。单击视口边框，蓝色夹点状态，可以调整边框大小，也可直接"Delete"删除边框，即视口删除，图形随视口消失，但是图形并不是真正的被删除。（视口中的图形好比镜头中拍到的照片，删除照片，并不意味删除其背后的物体）单击"模型（Model）/布局"选项卡进入模型空间，模型空间中的四个图形依然存在。

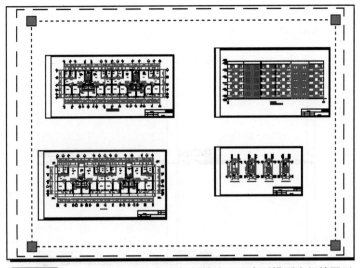

图 2-179　布局空间视口如同照相机镜头可观察到模型空间的图形

　　删除视口之后的布局空间就是一张白色图纸背景和打印区域的虚线边框。下拉菜单【工具】→【选项】，出现"选项"对话框，如图 2-180 所示。在"显示"页面中的"布局元素"中去除"显示可打印区域"和"显示图纸背景"的勾选，然后单击窗口元素中【颜色】按钮，出现"图形窗口颜色"对话框，在"颜色"下拉菜单中，选择"白"替代此前默认的"黑"，单击【应用并关闭】按钮，关闭"图形窗口颜色"对话框，再单击【确定】按钮，关闭【选项】对话框。通过两级对话框的重新设置，布局空间中的图纸背景与打印区域消失，同时背景由黑色变成白色。

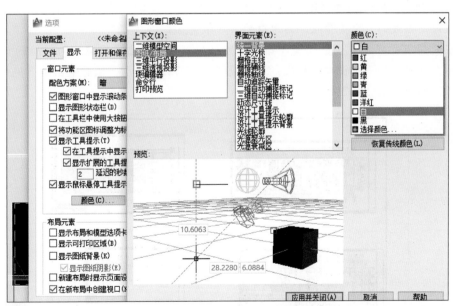

图 2-180　通过"选项"和"图形窗口颜色"对话框，去除图纸背景，同时将背景黑色变成白色

　　接下来在布局中"块插入"（I）A3 图框外部块，当前图层为 0 图层，插入比例为 1，角度为 0 度。下达"复制"（CO）指令，基点选择图框的左上角角点，目标点为图框相应的角点，复制 3 次，这样便将四个图框整齐紧凑地排列在一起，如图 2-181 所示。如果此时转动鼠标滚轮，不能够进一步调整视图的远近，可以下达"Z"指令，选取选项 A，这样便可以

进一步调整视图的远近。目前设置 4 个 A3 图框，是为了打印项目 A 的 4 个目标图形，实际工作过程中，可以根据出图的需要，随时增减图框的数量。

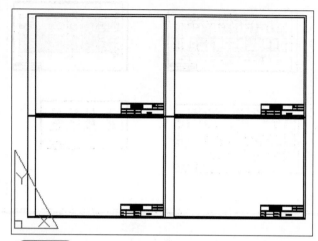

图 2-181　在布局中根据出图需要插入一定数量的图框

接下来在图框中新建"一个视口"。在已经显示的工具栏上右键，在显示的右键菜单中单击选择"视口"，调出"视口"工具栏，将其拖放到绘图窗口的适当位置，如图 2-171 所示。下拉菜单【视图】→【视口】→【一个视口】，或单击"视口"工具栏上"单个视口"图标，或命令行下达：vports，回车，人机对话如下：

-vports

指定视口的角点或［开（ON）/关（OFF）/布满（F）/着色打印（S）/锁定（L）/对象（O）/多边形（P）/恢复（R）/图层（LA）/2/3/4］＜布满＞：（在图 2-181 的左上角图框中，捕捉该图框线的左上角角点，为视口的第一个角点）

指定对角点：正在重生成模型（捕捉该图框标题栏的右上角角点，为视口的第二个角点。两个角点确定了一个视口边框线，看到模型空间的四个图形，同时退出单个视口的指令对话过程，结果如图 2-182 所示）

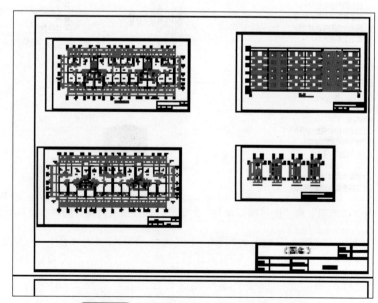

图 2-182　捕捉图框相应点位创建单个视口

在视口当中双击，视口边框线变成粗实线，意味该视口变为当前活动视口，同时进入模型空间，可以进行图形编辑，一般情况下，在布局空间的视口中进入模型空间，主要进行视图显示调整，即选择镜头所看到的图形。下达"Z"指令，框选标准层平面图，将标准层平面图尽可能布满这个视口，再结合"平移"（P）指令，将图形在视口中进行目测平移，确保图形与四周的视口边框线的间距尽可能均匀。在视口之外的空白处双击，退出模型空间。再单击视口边框，蓝色夹点状态下，右键菜单中选择"显示锁定"勾选"是"，这样这个视口的图形就变锁定，在进行其他视口图形显示调整时，这个视口图形不发生变化，如图2-183所示。

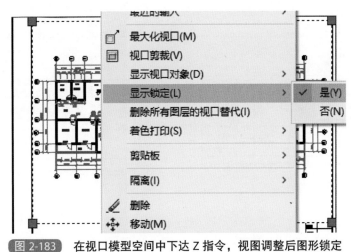

图 2-183　在视口模型空间中下达 Z 指令，视图调整后图形锁定

　　重复上述过程，在另外三个图框中创建单个视口，通过"Z"指令，分别将底层平面图、正立面图、楼梯间平面详图，布满在一个视口之中，并锁定视口图形，此时四个视口分别显示项目 A 的 4 个需要打印的图形。新建图层命名为"视口"，通过特性"修改"（MO）指令，将四个视口边框线的图层修改为"视口"，关闭视口图层，此时四个视口边框不可见，这样打印出图时，也就不打印输出视口边框线，结果如图2-184所示。

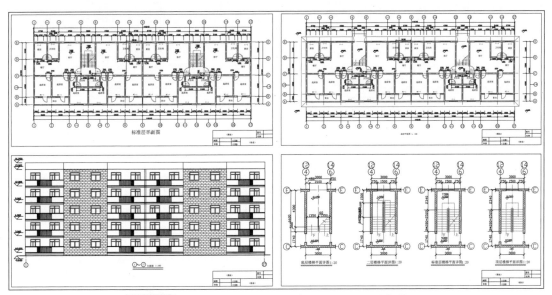

图 2-184　重复创建视口和图形锁定，关闭视口边框线图层

下达"Plot"打印指令，按照图 2-175 所示步骤，选择虚拟打印机 DWG To PDF. pc3；纸张大小改为 A1（相当于四个 A3 图幅）、打印样式为 monochrome.ctb，窗口显示，返回布局空间，捕捉四个图框的最左上角和最右下角的两个对角点，将四个视口图形全部选中，勾选"居中打印"和"布满图纸"，图形方向选"横向"。最后单击【应用到布局】按钮，再单击【确定】按钮，便可输出一个 PDF 格式的文件替代打印成果，如图 2-185 所示，即布局空间可以一次性同时打印多个视口图形。当然也可以在窗口选择过程中，只选中一个视口图形（即一个 A3 图框范围），纸张大小选择 A3，其余参数与上述一致，分别打印各个视口图形，其打印效果与前面所述的模型空间打印效果基本相似，这里不再赘述。

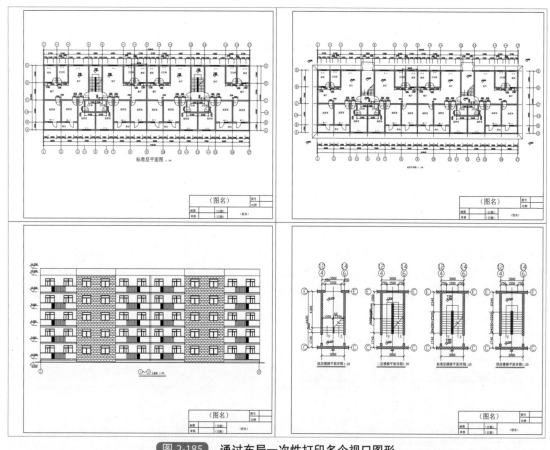

图 2-185 通过布局一次性打印多个视口图形

特别提醒 模型空间好比生产图纸的车间（当然也可直接输出图纸），布局空间就好比专门输出图纸的仓库，这个仓库又有许多货架，即多个视口，每个视口放置一个需要输出的图纸。视口选择图形的过程，好比照相机镜头，可以进入模型空间选择图形，进行焦距调整，直到图形满意，然后锁定即等于拍照。在布局空间中打印图形，就等于输出每个视口抓拍的照片。在布局空间通过视口进入模型空间，一般情况下，建议只进行视图选择和调整，不进行编辑操作，视口由模型空间退出后就是一张静态的照片，若不满意，可以直接删除视口及图形，照片删除对模型空间的图形没有任何影响。

至此，完成项目 A 的图形打印输出任务，同时也就意味完成项目 A 所有子任务。

微课 54

在布局空间进行
虚拟打印出图

2.13.4 项目补充训练

2.13.4.1 项目B目标图形虚拟打印

项目 B 打印步骤与上述完全一致，建议分别在模型空间和布局空间套图框，虚拟打印，并输出 PDF 格式文件等。

2.13.4.2 项目测验题

一、选择题

（1）CAD 打印对话框通常包含（　　　）等基本操作。（多选题）

A. 打印机配置 　　　　　　　　　　B. 图幅选择

C. 打印范围和打印比例确定 　　　　D. 打印样式选择

（2）CAD 布局空间打印出图，通常包含以下（　　　）基本准备步骤。（多选题）

A. 布局空间插入图框的图块 　　　　B. 在图框中新建视口，并调整视口显示图形

C. 视口显示锁定和视口线隐藏 　　　D. 打印样式设置

二、判断题（正确在括号内打"√"，错误在括号内打"×"）

（1）打开多个图形文件通常只启动一个 CAD 程序窗口，而不是启动多个程序窗口。（　　　）

（2）在不同文件之间复制图形对象的指令，可以选用 Copy，也可选用 Copyclip。（　　　）

（3）手工绘图先有图幅和图框，然后按照比例绘图。CAD 绘图则是 1：1 绘图，打印出图之前再套图框，由程序自动计算出图比例。（　　　）

（4）没有真实打印机，CAD 可以虚拟打印，比如选择虚拟打印机"DWG To PDF.pc3"可以打印输出一个 PDF 格式文件，方便没有安装 CAD 应用程序的用户查阅 CAD 绘制的图形。（　　　）

（5）CAD 打印出图通常选择黑白打印样式，其样式名称是 monochrome.ctb。（　　　）

（6）CAD 模型空间侧重于绘图，不可增加或删除模型空间，布局空间侧重于打印出图，既可增加也可删除布局空间。（　　　）

（7）删除布局空间的视口，同时删除视口中的图形对象，务必慎重，以免误删绘图成果。（　　　）

2.14　总结

导引项目是本课程的入门项目，零基础的学生经过导引项目的训练，能够初步了解 CAD 程序界面，能够用计算机绘制简单图形。项目 A 和项目 B 为本课程主项目，通过两个难度系数相当的项目的同步训练，学生能够综合运用 CAD 指令绘制一套完整规范的建筑施工图，包括图形、尺寸标注、文字标注，以及 CAD 打印出图等。

2.14.1　CAD 绘图的常规事项和一般步骤

通过导引项目和两个主体项目的训练，可以归纳 CAD 绘图的常规注意事项和一般绘图步骤和顺序等。

2.14.1.1　初学CAD绘图的几个好习惯

（1）选择有明确尺寸的图形进行练习，绘图过程中，一笔一划都要有尺寸的概念。

（2）绘图过程中，每隔一段时间进行快速保存，可避免"前功尽弃"的事故。

（3）尽可能使用动态输入功能，避免目光在图形区域和命令行之间来回兼顾。当命令行

出现误操作的提示，按键盘上【ESC】键退出。

（4）关注输入法的中英文和大小写的切换，尤其坐标输入时，要注意"X，Y"之间的逗号一定是英文小写格式。

（5）启动 CAD 之后的常规准备：设自动保存时间 15 分钟左右，并取消文件备份；调用尺寸标注等常用工具栏；调出"计算器"附件，便于随时计算绘图尺寸。

2.14.1.2　CAD绘图的一般步骤

（1）无论是新图还是借用图，建议首先进行"另存为"，进行文件命名和保存。

（2）设置基本绘图环境：设置常用图层、文字标注式样、尺寸标注式样、多线式样等。

（3）一般绘图顺序：通常先平面图、后立面图、剖面图，后者可以借鉴前者的尺寸；具体图形先定位轴线，后墙体轮廓线，再门窗细节，然后尺寸文字标注；最后打印出图再插入图框和标题栏等。

2.14.2　CAD 指令对话的多样化选择

在导引项目和主项目的训练过程中，最让大家困惑的就是 CAD 指令选择的多样化问题，编者总结 CAD 绘图至少存在以下几类指令选择多样化的情形。

2.14.2.1　点位坐标定位的多样化

如绝对直角坐标、相对直角坐标；绝对极坐标，相对极坐标。一张图形的最初阶段，其线段绘制往往需要坐标输入，根据图形已知条件，如标有角度的倾斜线段，选择极坐标；标注垂直或水平尺寸的线段，选择直角坐标；而绝对坐标几乎可以忽视，尽可能运用相对坐标，即带有"@"符号的坐标。随着图形内容越来越多，必须输入具体坐标的情形也就越来越少，更多是打开正交和对象捕捉辅助功能，或直接输入正交线段的长度，或直接捕捉已有图形的特征点实施精确定位等。

2.14.2.2　执行命令的方式多样化

如菜单栏、工具栏、命令行、右键菜单。重复执行上次命令直接回车；"先命令、后对象"和"先对象、后命令"（夹点编辑）两种命令执行顺序。强烈建议优先采用命令行输入快捷键的方式（为什么这样做？只有这种方式能够实现 CAD 绘图如同 Word 输入文本一样盲打）！

2.14.2.3　同一性质命令的多样化

如对象选择：实框、虚框、拾取框等；块：外部块、内部块；文字：Text、DT、mt。对象少的时就"拾取"；对象多的时，为了避免一些对象误选，就从左向右"实框"选，完全包围算选中；更多时候是从右向左"虚框"选，包围的和碰到的都算选中！内部块仅限本图使用，外部块其他图形也可免费使用；同样创建块，尽可能保存为外部块，准备一个外部块的文件夹，收藏常用的图块。

2.14.2.4　同一命令的实施路径的多样化

如圆（Circle）有 6 种参数路径；圆弧（Arc）有 10 种参数路径等。绘图之前先读图，根据图形已知条件选择参数路径。其实有些命令的某些参数路径可以忽略的，比如圆的直径参数路径（输入直径之前还要输入直径选项 d，多一句人机对话，纯粹浪费时间，为什么不默认输入半径参数呢）。

2.14.2.5 同一图形绘图指令组合的多样化

如绘制正方形：四次"直线"，两次"多线"，一次"多边形"，"矩形"命令等。墙体轮廓双线：直线，直线＋复制（CO），多线（Ml），使本来不相交的两直线相交：延伸、延长、倒圆、倒角。标题栏文字，可以分行输入，也可以"一行 dtext ＋多重复制＋文字修改"，还可以表格 table。CAD 绘图指令对话的多样化最难给出定论的就是同样的图形，不同人绘制有不同的指令组合方案，这也是 CAD 绘图学习的最大魅力所在。从多个指令组合中，选择自己适合的、效率最高的方案即可。

2.14.3 CAD 绘图的综合技巧杂谈

在导引项目和两个主体项目训练的基础上，可以归纳 CAD 绘图一些综合技巧。

2.14.3.1 始终1∶1绘图

无须考虑图幅限制，不管物体尺度多大，一律 1∶1 绘图。尺寸标注根据显示情况，设置适当标注的几何特征比例。用 1∶1 比例画图好处很多：①容易发现错误，由于按实际尺寸画图，很容易发现尺寸设置不合理的地方；②标注尺寸非常方便，尺寸数字是多少，软件自动测量，万一画错了，一看尺寸数字就发现；③在各个图之间复制局部图形或者使用块时，由于都是 1∶1 比例，调整块尺寸方便；④用不着进行烦琐的比例缩放计算，提高效率，防止出现换算过程中可能出现的错误。

2.14.3.2 绘图之前先分析图形特征和图形之间的关系

如果新绘图形与已经绘制的图形非常相似，直接借用修改；如果图形对称，则只需要绘制一半，进行镜像复制等。项目 A 和项目 B 就是在分析图形特点基础上进行的，这一点比单纯学习 CAD 指令的对话技巧更为重要！

2.14.3.3 设置样本文件

将常用设置如：图层、尺寸标注、文字标注等设置为样本文件，即另存为 *dwt 样本文件，绘图时直接调出使用。

2.14.3.4 设置图块

将图框、定位轴线编号、标高符号（含标高数字）等常用符号保存为外部块，平时注意收藏常用图形，并保存为外部块。

2.14.3.5 有效利用图层

为不同图元设置不同的图层，绘图过程调用相应图层，不要先绘制图形再修改图层。图层的颜色最好有统一的风格，比如墙体轮廓线一律为白色，中心线一律为红色，尺寸线一律为绿色等，既美观又可以方便图形的相互复制借用。

2.14.3.6 定制工具栏和自定义命令热键

根据绘图习惯定制工具栏，将最常用的命令集中在一起，或者自定义命令热键，人机对话优先使用命令行键入，可以大大提高绘图效率。

2.14.4 CAD 帮助菜单的运用

导引项目、项目 A 和项目 B 仅涉及 CAD 常用绘图编辑指令及其常用选项。CAD 有上千个指令，每个指令又有多个选项和参数路径，在有限的课时内，不可能穷尽这些指令及其选项的对话。学习 CAD 绘图，要掌握常用的 CAD 指令及其常用选项，就可以绘制建筑施工图。在今后的工作过程中，如果绘图提升需要，完全可以通过功能键 F1 打开 CAD 帮助菜单，进行 CAD 新指令的自学。

以对齐 Align 命令为例，运用帮助菜单，自主查询 Align 指令的人机对话要点，Align 分"一对点，两对点，三对点"三种情况，即 Align ＝ move ＋ rotate ＋ scale。Align 指令很少应用的原因就在于它的诸多功能已经被 move（移动）、rotate（旋转）、scale（比例缩放）这些常用指令替代了（多学一些指令总会有好处，每年都有国家和省级建筑 CAD 技能比赛，高分胜出的主要原因之一就在于能够熟练调用 CAD 的高级指令）。

拓展项目 绘制专业方向施工图

3

主项目 A、B 侧重于房屋建筑施工图的绘制，在完成项目 A、B 的基础上，还应根据专业细分方向，选择相关的专业图形进行强化训练，比如装饰专业的装饰施工图、建筑施工技术专业的结构施工图、市政工程技术专业的道桥施工图等。

3.1 任务 1 绘制装饰施工图

目前建筑装饰行业装饰施工图绘制最常用的软件就是 AutoCAD，CAD 绘图技能对装饰专业的学生尤其重要。一套完整的装饰施工图通常包括：封面、目录、施工说明、平面图、顶面图、立面图、节点详图等。其中平面图包含平面布置图、地材铺装图、平面尺寸图、平面索引图等，面积较大的复杂平面图还应绘制墙体拆除平面图（旧建筑改造）、新建墙体平面图等；顶面图包含顶面布置图、顶面尺寸图、顶面索引图等；施工说明除了说明工程概况、遵循的技术规范、材料及施工的工艺要求外，还应编制材料表和门窗表。总体上按照"平面图、顶面图、立面图、节点详图"的顺序绘制装饰施工图。

3.1.1 绘制装饰施工图平面图

装饰平面布置图，是假想用一个水平的剖切平面，在窗台上方位置，将要装饰的房屋整个剖开，移去上面的部分，向下所做的水平投影图。它的作用主要是用来表明室内外装饰布置的平面形状、位置、大小和所用的装饰材料，表明这些装饰和房屋主体结构之间，装饰局部之间的关系等。装饰平面图是室内设计施工图中最基本、最主要的图纸，其他图纸（顶、立、剖及详图）是以它为依据派生和深化而成，也是其他相关工种（水、强弱电、暖、消防等）进行分项设计与制图的重要依据。装饰平面图的主要表现内容，重点在于进行室内空间的规划，清晰地反映出各功能区域的安排、流动路线的组织、通道和间隔的设计、门窗的位置、固定和活动家具、装饰陈设品的布置等，设计出一个周到的、适用的室内使用空间。装饰平面图通常应图示以下内容：（1）建筑平面图的基本内容，如墙柱与定位轴线、房间布局与名称、门窗位置及编号、门的开启方向等；（2）室内固定家具、活动家具、家用电器等位置；（3）装饰陈设、绿化美化等位置及图例符号；（4）地坪的铺装及地面材料的说明；（5）房屋外围尺寸及轴线编号、室内楼（地）面标高、室内现场制作家具的定形定位尺寸、活动家具的定位尺寸等；（6）室内立面图的内视符号、索引符号、图名及必要的说明等。

训练任务：抄绘某装饰施工图的平面布置图和平面索引图，如图 3-1、图 3-2 所示。

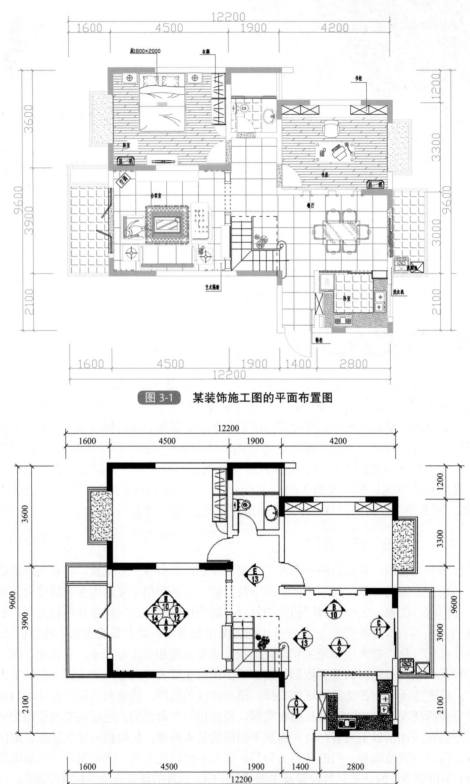

图 3-1 某装饰施工图的平面布置图

图 3-2 某装饰施工图的平面索引图

3.1.2 绘制装饰施工图顶面图

由于现代建筑物的室内环境诸如照明、空调、安全、通信等主要是通过相关设备、设施运行来达到的,为了达到室内空间使用目的,一般采用吊顶的方式实现对设备以及管线进行隐蔽,同时为终端设备如灯具、空调风口、消防设施、安防设施等提供安装位置。因此,室内设计往往会很注意顶部的设计,并力图通过顶部设计去营造室内空间气氛和表现它的特点。装饰顶面图的主要内容就是反映出顶部吊顶的造型、材料、尺寸,灯具,冷气出风口,消防设备,安防设施的位置等。装饰顶面图主要绘制内容如下:(1)建筑平面图的基本内容;(2)顶棚的形式与造型、吊顶的材料等;(3)有关附属设施的外露件的规格、定位尺寸、窗帘的图示等;(4)设备及灯具符号及具体位置,灯具的型号、规格和安装方法由电气施工图反映;(5)标明吊顶的标高、详图的索引符号、说明文字等。

训练任务:抄绘某装饰施工图的顶面布置图,如图3-3所示。

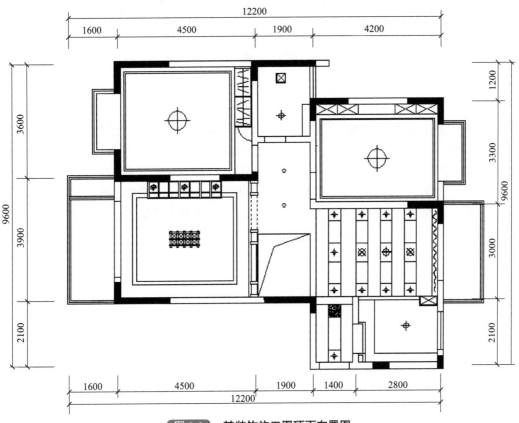

图 3-3 某装饰施工图顶面布置图

3.1.3 绘制装饰施工图立面图

装饰立面图是用以表达室内各立面方向造型、装修材料及构件的尺寸形式与效果的直接正投影图。装饰立面图的主要表现内容:(1)清楚地反映出室内立面的装饰做法(包括材料、造型、尺寸等),装饰构造如门窗、壁橱、间隔、壁面、装饰物以及它们的设计形式、尺度、构件间的位置关系、装修材料、色彩运用等;(2)用相对于本层地面的标高,标注地台、踏步等的位置尺寸,顶面的标高及其叠级(凸出或凹进)造型的相关尺寸,墙面与顶棚面相交处的收边做法；（3）表达范围宽度是各界面自室内空间的左墙内角到右墙内角、高度是自地坪完成面至天花板底的距离，室内各方向界面的立面应绘全；（4）标注立面上所有的饰面材料及规格，标注出总高尺寸、定位尺寸、结构尺寸、细部尺寸标注等，标注出各种符号：轴线符号、剖面符号、索引符号等。

训练任务：绘制某装饰施工图的立面图（B向立面图），如图 3-4 所示。注意读图要结合平面索引图中的立面指向符号。

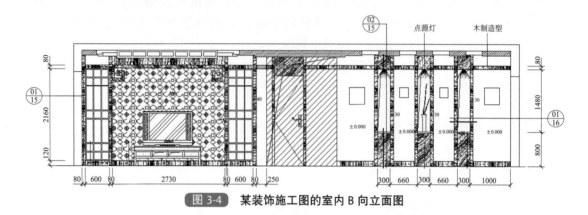

图 3-4 某装饰施工图的室内 B 向立面图

3.1.4 绘制装饰施工图详图

建筑装饰施工图详图设计，主要是反映出装修细部的材料使用、安装结构、施工工艺和细部尺寸，由大样图、节点图和剖面图等几部分组成。详图可以是平面图、正背侧立面图、剖面图，必要时画出轴测图示意。在室内装修工程中，新材料、新工艺层出不穷，其详图必然不断出新、五花八门，但无论怎样变化，详图都要立足于翔实简明，做到①图形详：图形应真实正确、构造清晰，恰当运用装饰材料图例；②数据详：绘制的图样要有细致的尺寸标注，包括材料的规格尺寸、带有控制性的标高，有关的定位轴线、索引符号的编号和图示比例等；③文字详：遇到图样无法表达的内容，如材质做法、材质色彩、施工要求、详图名称等都应标注的简洁、准确、完善。

训练任务：抄绘某装饰施工图的节点详图，如图 3-5 所示。

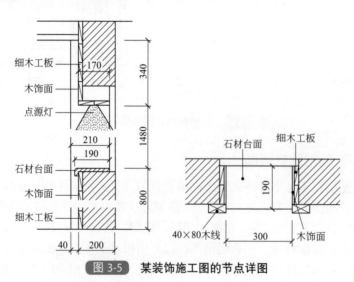

图 3-5 某装饰施工图的节点详图

特别提醒 绘制装饰施工图注意以下三个方面：①首先要注意先期绘制的平面图对后续图形的参照借鉴作用，比如平面布置图绘制完整之后，有关地面布置图、平面索引图，很多图形内容是相同的，直接复制借用等；②要理解顶面图的镜像投影原理，如图3-6所示，采用镜像投影，既避免了常规平面投影绘图虚线过多的麻烦，同时又不需要根据仰视的底面图进行反方向思维，方便顶棚的装饰施工，施工过程将图纸平放于地面，直接向上找对应的灯具安装位置等；③装饰图块的应用，装饰施工图中涉及的家具、设备等，可以收集现成的图块插入，不需要一笔一划的绘制。

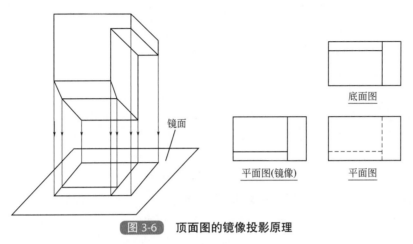

图 3-6 顶面图的镜像投影原理

3.2 任务 2 绘制结构施工图

建筑施工图仅仅解剖到建筑"肌肉和皮肤"层面，而结构施工图则解剖到建筑的"骨骼"层面，也就是梁板柱内部的钢筋。如图3-7所示某主梁的结构施工图，梁的外轮廓线用细实线表达，钢筋用粗实线表达，同时清晰地标注出钢筋的规格、数量和分布尺寸等。建议建筑施工专业抄绘图3-7，并根据已有图形和已学专业知识，补绘其中的2—2断面图。

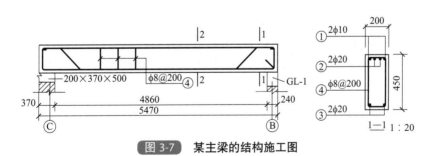

图 3-7 某主梁的结构施工图

特别提醒 图层设置要分细实线和粗实线两种线型，以及钢筋符号特殊字体的标注。

3.3 任务 3 绘制道路施工图

市政专业主要关注道桥施工图。如图3-8所示为某桥梁的平面布置图，建议市政专业学生 CAD 抄绘此图。

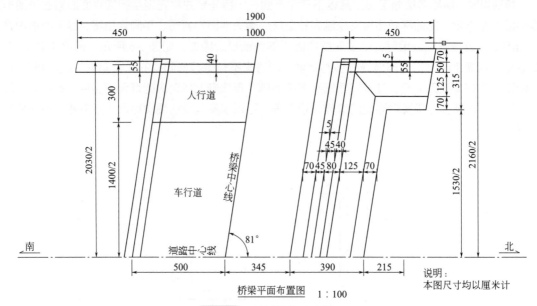

桥梁平面布置图　　1：100

图 3-8　某桥梁平面布置图

特别提醒　图面尺寸单位不是默认的毫米，而是厘米，1：1 绘图过程中，要把现有尺寸数字放大 10 倍。标注尺寸时，标注样式设置对话框中"主单位"页面中的"测量单位比例"的比例因子由"1"改为"0.1"。

3.4　任务 4　抄绘建筑 CAD 技能竞赛图形

相对传统手工绘图，CAD 绘图具有快速、精确、规范三大优越性，很多时候，精确和规范是由程序自身保证的，比如尺寸样式设置符合规范，绘图过程按照尺寸进行，则尺寸标注的结果自然精确和规范，而"快速"则是熟能生巧的结果。学习 CAD 绘图就好比学习汽车驾驶，CAD 不是老师教会的，而是学生自己练会的。同一个图形有许多 CAD 绘图指令组合路径，成为 CAD 绘图高手的路径却只有一条，就是自主学习和反复训练，尤其初学者，绝不能满足本书设定的几个项目的练习。

以下是某建筑 CAD 比赛任务书及其考核细则，比赛用时限 150 分钟，请学生对照任务书和评分细则要求，自我限定时间，自主完成相关练习，同时进行自我评价。

建筑 CAD 绘图竞赛任务书

一、文件保存

在电脑桌面建立一个文件夹，参赛选手请将自己的姓名作为该文件夹的名称；在竞赛考试过程中，选手请随时保存文件，图形意外丢失，后果自负。

二、竞赛任务

1. 任务一　创建模板文件（10 分）

所有任务均需要 A3 图幅（420×297），如图 3-9 所示，选手根据给定图纸的信息确定图框是否需要缩放。在图形特性管理器中，新建如表 3-1 图层。

表 3-1　图层

图层名称	颜色	线型	线宽
图框	白色	Continuous	Default
轮廓	白色	Continuous	0.30mm
墙体	白色	Continuous	0.50mm
散水	洋红	Continuous	Default
楼梯	蓝色	Continuous	Default
填充	红色	Continuous	Default
标注	青色	Continuous	Default
轴线	红色	Center2	Default
门窗	黄色	Continuous	Default
虚线	绿色	DASHED	Default

除以上图层必须建立外，选手亦可设置其他图层进行辅助绘图，名称、颜色等设置无硬性要求，由选手自行确定。在对应的图层下绘制图框、标题栏以及标题栏内的文字，幅面线采用随层线宽，图框线宽度为 1，标题栏外框线宽度为 0.7，标题栏分格线宽度为 0.35。标题栏分格尺寸要求及填写内容如图 3-9 所示，标题栏右下角填写所绘制的任务名称（以任务二为例），另新建：（1）名称为"标注"的文字样式：文字高度 3.5，宽度因子 0.7，字体名为仿宋 _GB2312；（2）名称为"尺寸标注"：尺寸界线超出尺寸线 2，尺寸界线起点偏移量

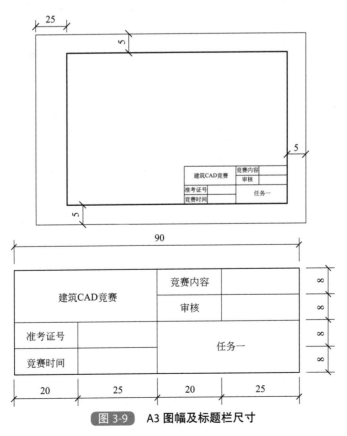

图 3-9　A3 图幅及标题栏尺寸

2，箭头大小3.5（箭头样式根据题目给定样式自行修改），选用"尺寸标注"的尺寸样式，文字高度3.5，文字从尺寸线偏移1。图幅绘制好后，保存为"任务一.dwt"模板文件，除"任务一"外，竞赛涉及的所有任务均套用此模板文件，并保存为对应的.dwg文件。

2. 任务二 绘制建筑平面图（30分）

抄绘如图 3-10 所示建筑平面图，除调用"任务一"模板文件相关设置，另要求：（1）细部尺寸标注的尺寸线与散水轮廓间距为 1200，各尺寸标注线间距为 800；（2）门窗编号、标高符号的文字高度为 3.5；（3）轴网标号、剖切符号的编号、指北针编号、房间功能文字的文字高度为 5，其中轴网编号半径是 4mm，指北针符号半径为 12mm、剖切符号的剖切位置线长为 8mm，投射方向线长为 5mm；（4）图名文字高度为 7，图名比例文字高度为 5，下划线为线宽 1mm 的粗实线与线宽为随层的细实线组合；（5）门的打开角度可在 45°、60° 中选择；（6）线型比例自行调整。

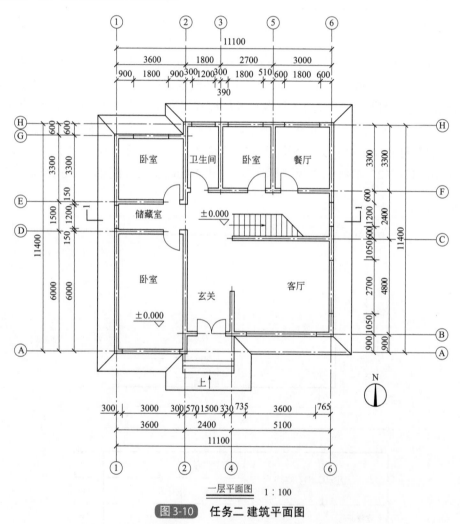

一层平面图　1∶100

图 3-10　任务二 建筑平面图

3. 任务三 绘制建筑立面图（25分）

抄绘如图 3-11 所示建筑立面图，除调用"任务一"模板文件相关设置，另要求：（1）尺寸标注可自行设定放置位置，整体效果合理、美观即可；（2）其他符号等绘制要求参考"任务二"。

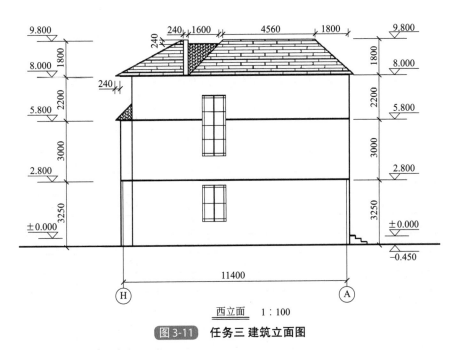

西立面 1：100

图 3-11 任务三 建筑立面图

4. 任务四 绘制建筑剖面图（25分）

抄绘如图 3-12 所示建筑剖面图，除调用"任务一"模板文件相关设置，另要求：（1）尺寸标注可自行设定放置位置，整体效果合理、美观即可；（2）其他符号等绘制要求参考"任务二"；（3）注解文字内容需抄写，字高5；（4）任务二、三、四需绘制在一张图纸中，保存名称为"建筑平立剖抄绘"。

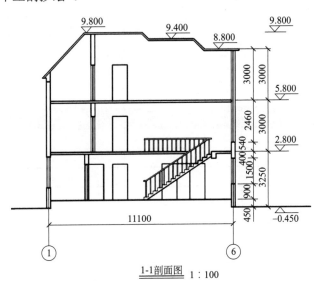

1-1剖面图 1：100

图 3-12 任务四 建筑剖面图

5. 任务五 布局空间 PDF 打印（10分）

将"建筑平立剖抄绘"在布局空间打印，"布局 1"的名称为"PDF"，PDF 虚拟打印机，A3 横向打印，打印样式 monochrome.ctb。新建 3 个视口，手动调整视口图形显示效果，以 1：100 比例生成 PDF 文档，分别命名为"任务二.pdf"、"任务三.pdf"、"任务四.pdf"。

三、评分细则

1. 任务一（10分）

采分点	正确位置	分值分配	得分
图层	10个	0.5	
A3幅面尺寸	420×297	0.5	
幅面线宽度	随层	0.5	
图框线宽度	1	0.5	
图框与幅面线尺寸	25、5、5、5	0.5	
标题栏外框线宽	0.7	0.5	
标题栏分格线宽	0.35	0.5	
标题栏分格尺寸		0.5	
标题栏内文字	字高3.5	0.5	
文字样式名称	标注	0.5	
文字高度	3.5	0.5	
宽度因子	0.7	0.5	
字体	仿宋_GB2312	0.5	
尺寸标注样式名称	尺寸标注	0.5	
尺寸界线超出尺寸线	2	0.5	
尺寸界线起点偏移量	2	0.5	
箭头大小	3.5	0.5	
字体高度	3.5	0.5	
字体从尺寸线偏移量	1	0.5	
保存成模板文件		0.5	
合计			

2. 任务二（30分）

采分点	正确位置	分值分配	得分
是否调用模板		4	
各图层是否对应		4	
标题栏是否标注任务名称		0.5	
是否选用文字样式		1	
是否选用标注样式		2	
尺寸线与散水的间距	1200	0.5	
尺寸线间距	800	0.5	
门窗编号字高	3.5	0.5	
门打开角度	45°或60°	0.5	
标高符号字高	3.5	0.5	
轴网编号半径	4mm	0.5	
轴网编号字高	5	0.5	
剖切符号编号字高	5	0.5	
剖切符号是否正确	剖切位置线8mm，投射方向线5mm	1	

采分点	正确位置	分值分配	得分
指北针半径	5	0.5	
指北针编号字高	5	0.5	
房间功能文字高度	5	0.5	
图名符号	字高 7，图名比例高 5，下划线为线宽 1mm 随层细实线组合	1	
线型比例是否合理		1	
图纸整体完成程度	转角标注 87 个	10	
合计			

3. 任务三（25 分）

采分点	正确位置	分值分配	得分
是否调用模板		4	
各图层是否对应		4	
标题栏是否标注任务名称		0.5	
是否选用文字样式		0.5	
是否选用标注样式		0.5	
标高符号字高	3.5	0.5	
轴网编号半径	4mm	0.5	
轴网编号字高	5	0.5	
图名符号	字高 7，图名比例高 5，下划线为线宽 1mm 随层细实线组合	1	
填充样式是否正确		1	
填充比例是否合理		1	
立面结构是否合理		3	
图纸整体完成程度	转角标注 28 个	8	
合计			

4. 任务四（25 分）

采分点	正确位置	分值分配	得分
是否调用模板		4	
各图层是否对应		4	
标题栏是否标注任务名称		0.5	
是否选用文字样式		0.5	
是否选用标注样式		1	
标高符号字高	3.5	0.5	

采分点	正确位置	分值分配	得分
标高符号字高	3.5	0.5	
轴网编号半径	4mm	0.5	
轴网编号字高	5	0.5	
图名符号	字高 7，图名比例高 5，下划线为线宽 1mm 随层细实线组合	0.5	
各门窗位置是否正确		1	
楼梯遮挡关系是否正确		1	
剖面结构是否合理		2	
图纸整体完成程度	转角标注 36 个	6	
任务二、三、四是否保存在一起		3	
合计			

5. 任务五（10 分）

采分点	正确位置	分值分配	得分
布局名称	PDF	1	
添加虚拟打印机		2	
图纸选择是否正确	ISO　A3 横向	1	
页边距是否设置		1	
打印样式	monochrome.ctb	1	
视口尺寸是否正确	490×297	1	
视口显示比例	1：100	1	
显示位置是否合理		1	
生成 PDF 文档	平立剖分别生成	1	
合计			

所谓快捷命令，就是 AutoCAD 为了提高绘图速度定义的快捷方式，它用一个或几个简单的字母来代替常用的命令，使大家不用去记忆众多的长命令，也不必为了执行一个命令，在菜单和工具栏上寻找。所有定义的快捷命令都保存在 AutoCAD 安装目录下"SUP-PORT"子目录中的"ACAD.PGP"文件中，可以通过修改该文件的内容来自定义常用的快捷命令。

1. 快捷键命名规律

快捷命令通常是该命令英文单词的第一个或前面两个字母，有的是前三个字母。比如，直线 Line 的快捷命令是 L；复制 Copy 的快捷命令是 CO；线型比例 ltscale 的快捷命令是 LTS。在使用过程中，试用命令第一个字母，不行就用前两个字母，最多用前三个字母，即 AutoCAD 的快捷命令一般不会超过三个字母，如果一个命令用前三个字母都行不通，就只能输入完整的命令，没有快捷键的指令，一般使用频率较低。

另外一类的快捷命令通常是由"Ctrl 键＋1 个字母"组成，或者用功能键 F1 ～ F11 来定义。比如 Ctrl ＋ N，Ctrl ＋ O，Ctrl ＋ S，Ctrl ＋ P 分别表示新建、打开、保存、打印文件；F3 表示"对象捕捉"、F8 表示"正交"。

第一个字母相同的指令，常用的命令取第一个字母，其他命令可用前面两个或三个字母表示。比如 L 表示 Line，LA 表示 Layer，LTS 表示 LTScale。个别例外的需要专门记忆，比如修改文字 DDEDIT 就不是"DD"，而是"ED"；还有"X"表示 Explode 等。

2. 常见的快捷命令

（1）特性命令

MO（对象特性）；MA（属性匹配）；ST（文字样式）；COL（设置颜色）；LA（图层）；LT（线形）；LTS（线型比例）；LW（线宽）；AL（对齐）；Print（打印）；R（重新生成）；TO（工具栏）；AA（面积）；DI（距离）。

（2）视窗调整

P（平移）；Z＋空格＋空格（实时缩放）；Z ＋ A（显示全图）；Z+W（局部放大）；Z+P（返回上一视图）。

（3）绘图命令

L（直线）；XL（射线）；PL（多段线）；ML（多线）；SPL（样条曲线）；POL（正多边形）；Rec（矩形）；C（圆）；A（圆弧）；DO（圆环）；EL（椭圆）；MT（多行文本）；DT（单行文字）；B（内部块）；I（插入块）；W（外部块）；DIV（等分）；H（填充）。

（4）修改命令

CO（复制）；MI（镜像）；AR（阵列）；O（偏移）；RO（旋转）；M（移动）；E（删除）；X（分解）；TR（修剪）；EX（延伸）；S（拉伸）；LEN（直线拉长）；SC（比例缩放）；BR（打断）；CHA（倒角）；F（倒圆角）；PE（多段线编辑）；ED（文字编辑）。

（5）尺寸标注

D（标注样式）；DLI（线性标注）；DCO（连续标注）；DBA（基线标注）；DAL（对齐标注）；DRA（半径标注）；DDI（直径标注）；DAN（角度标注）；DED（编辑标注）。

（6）Ctrl 快捷键

【Ctrl】＋1（修改特性）；【Ctrl】＋2（设计中心）；【Ctrl】＋O（打开文件）；【Ctrl】＋N（新建文件）；【Ctrl】＋P（打印文件）；【Ctrl】＋S（保存文件）；【Ctrl】＋Z（放弃）；【Ctrl】＋X（剪切）；【Ctrl】＋C（复制）；【Ctrl】＋V（粘贴）。

（7）常用功能键

【F1】帮助；【F2】文本窗口；【F3】对象捕捉；【F7】栅格；【F8】正交；【F9】捕捉；【F10】极轴；【F11】对象追踪。

参 考 文 献

[1] 张保善. 建筑工程CAD. 武汉：武汉理工大学出版社，2009.
[2] 王学军. 土建工程CAD. 北京：冶金工业出版社，2010.
[3] 刘冬梅等. 建筑CAD. 第2版. 北京：化学工业出版社，2016.
[4] 许明清等. AutoCAD2005建筑制图——别墅整套图纸绘制方法与技巧. 北京：电子工业出版社，2007.
[5] 叶丽明等. AutoCAD基础及应用. 北京：化学工业出版社，2002.